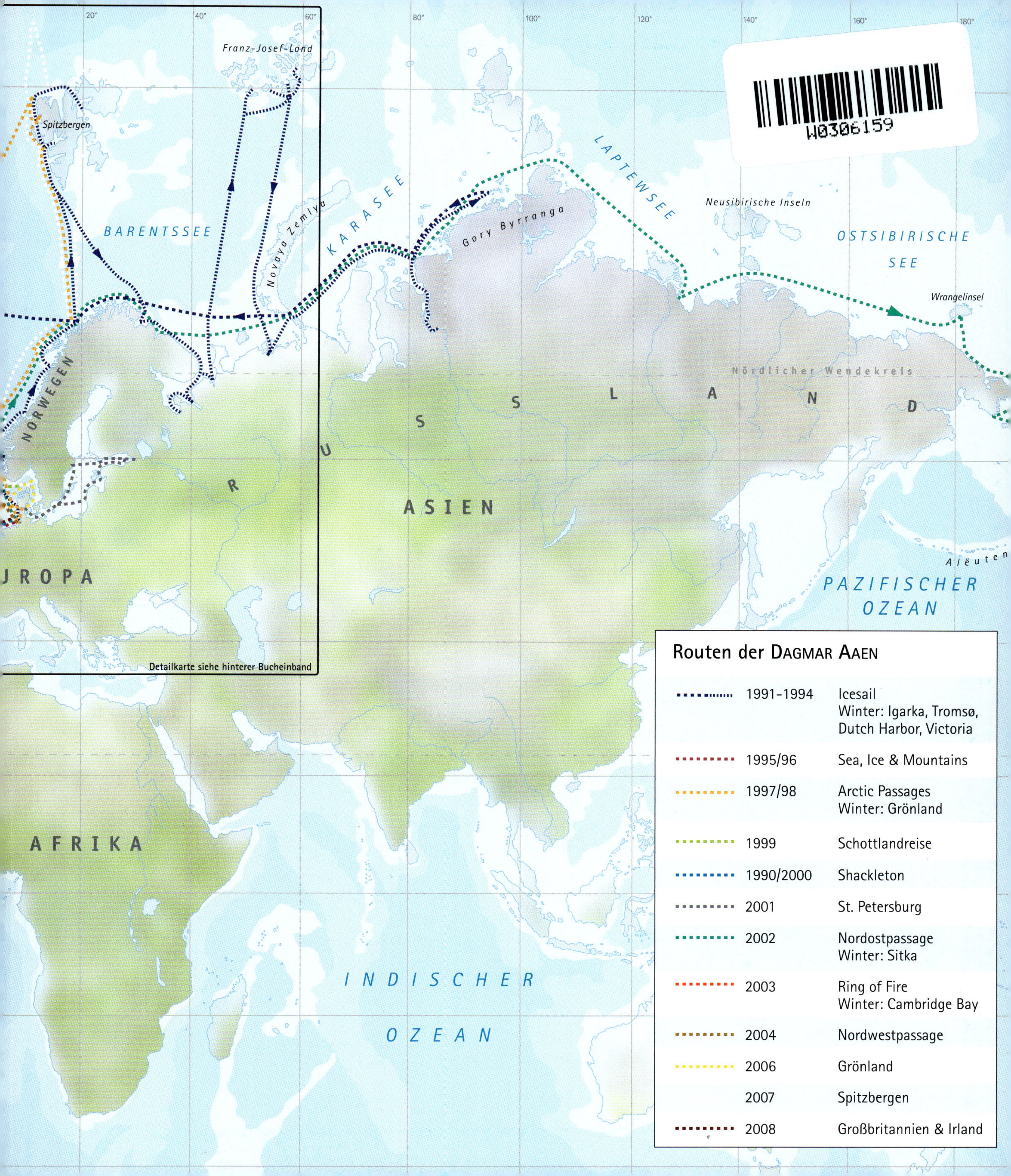
20°
40°
60°
80°
100°
120°
140°
160°
180°
Franz-Josef-Land
Spitzbergen
BARENTSSEE
Novaya Zemlya
KARASEE
Gory Byrranga
LAPTEWSEE
Neusibirische Inseln
OSTSIBIRISCHE SEE
Wrangelinsel
NORWEGEN
Nördlicher Wendekreis
R U S S L A N D
ASIEN
JROPA
Aleuten
PAZIFISCHER OZEAN
Detailkarte siehe hinterer Bucheinband
AFRIKA
INDISCHER OZEAN
Routen der Dagmar Aaen
1991–1994 Icesail Winter: Igarka, Tromsø, Dutch Harbor, Victoria
1995/96 Sea, Ice & Mountains
1997/98 Arctic Passages Winter: Grönland
1999 Schottlandreise
1990/2000 Shackleton
2001 St. Petersburg
2002 Nordostpassage Winter: Sitka
2003 Ring of Fire Winter: Cambridge Bay
2004 Nordwestpassage
2006 Grönland
2007 Spitzbergen
2008 Großbritannien & Irland

DELIUS KLASING

Für Egon Fogtmann
unseren Freund, Maschinisten
und Ehrencrewmitglied

ARVED FUCHS

Kein Weg ist zu weit

Die Geschichte der *Dagmar Aaen*

DELIUS KLASING VERLAG

Von Arved Fuchs sind darüber hinaus folgende Titel
im Delius Klasing Verlag erschienen:
Im Faltboot um Kap Hoorn · Von Pol zu Pol · Abenteuer Russische Arktis
Wettlauf mit dem Eis · Abenteuer zwischen Tropen und ewigem Eis
Der Weg in die weiße Welt · Im Schatten des Pols · Kälter als Eis
Grenzen sprengen · Nordwestpassage · South Nahanni
Die Spur der weißen Wölfe

Das Gedicht »Segelschiffe« wurde entnommen aus Joachim Ringelnatz:
»Es rauscht wie Freiheit. Es riecht wie Welt ...«
Edition Maritim

Bibliografische Information der Deutschen Nationalbibliothek
Die Deutsche Nationalbibliothek verzeichnet diese Publikation in der
Deutschen Nationalbibliografie; detaillierte bibliografische
Daten sind im Internet über http://dnb.d-nb.de abrufbar.

1. Auflage
ISBN 978-3-7688-2597-9

Karten: INCH 3, Bielefeld
Einbandgestaltung: Buchholz/Hinsch/Hensinger, Hamburg
Layout: Gabriele Engel
Bildreproduktionen: digital | data | medien, Bad Oeynhausen
Druck: Kunst- und Werbedruck, Bad Oeynhausen
Printed in Germany 2009

Delius Klasing Verlag, Siekerwall 21, D - 33602 Bielefeld
Tel.: 0521/559-0, Fax: 0521/559-115
E-Mail: info@delius-klasing.de
www.delius-klasing.de

Inhalt

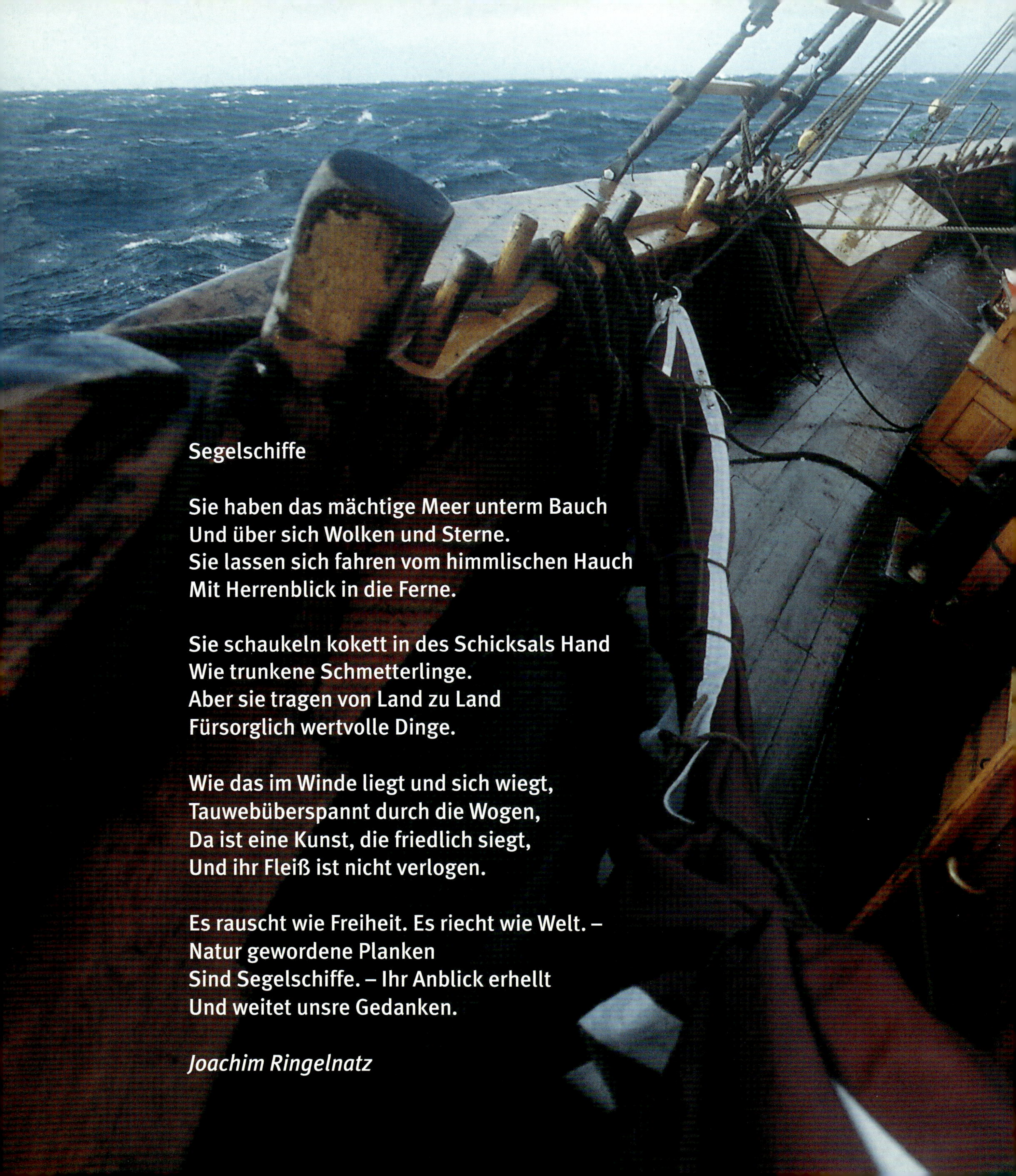

Segelschiffe

Sie haben das mächtige Meer unterm Bauch
Und über sich Wolken und Sterne.
Sie lassen sich fahren vom himmlischen Hauch
Mit Herrenblick in die Ferne.

Sie schaukeln kokett in des Schicksals Hand
Wie trunkene Schmetterlinge.
Aber sie tragen von Land zu Land
Fürsorglich wertvolle Dinge.

Wie das im Winde liegt und sich wiegt,
Tauwebüberspannt durch die Wogen,
Da ist eine Kunst, die friedlich siegt,
Und ihr Fleiß ist nicht verlogen.

Es rauscht wie Freiheit. Es riecht wie Welt. –
Natur gewordene Planken
Sind Segelschiffe. – Ihr Anblick erhellt
Und weitet unsre Gedanken.

Joachim Ringelnatz

Jack
Wolfskin
Globetrotter

Prolog

»Es gibt drei Arten von Menschen:
Tote, Lebende und Seeleute.«

(Bernard Lavilliers, bretonischer Sänger)

Ein Schiff ist ein Transportmittel.
Für einige ist es auch ein Sportgerät, in jedem Fall ist es ein Fortbewegungsmittel.
Ein Gegenstand, von Menschenhand gebaut, aus Holz, Stahl, Kunststoff – ein Gefüge von verschiedenen Werkstoffen, das nach den Maßgaben von Ingenieuren und Boots- und Schiffbauern zu einem Ganzen zusammengefügt wird, um Fracht und Mannschaft möglichst schnell und sicher zum Ziel zu bringen. Im Grunde genommen ein Fahrzeug wie ein Lkw oder ein Sportwagen, je nach Beschaffenheit auf den Verwendungszweck ausgerichtet, ein technischer Gegenstand also.
Aber Schiffe, insbesondere, wenn sie in die Jahre gekommen sind, Patina angesetzt und zahllose Seemeilen hinter sich gebracht, Stürme abgewettert und unzählige Crews erlebt haben, können noch mehr aufweisen. Sie sind Individualisten, keine seelenlosen Maschinen und Massenware, sondern sie haben ihren eigenen Charakter, ihre Eigenarten, ihre Stärken und Schwächen – und sie nehmen Einfluss.

Die Dagmar Aaen anlässlich der Rum Regatta hart am Wind auf der Flensburger Förde. Bis auf das Toppsegel sind alle Segel gesetzt: Großsegel, die Vorsegel (von innen nach außen) Fock, Klüver, Flieger.

»Schiffe haben ihre Schicksale, sie greifen auch in andere Schicksale ein. Es laufen feine Zauberfäden zwischen der Beschaffenheit eines Schiffes und der menschlichen Seele.«

(Niels Bach, Voreigner der DAGMAR AAEN)

Dieses Buch ist daher keine nüchterne Betrachtung über Schiffbau, über die Vor- und Nachteile unterschiedlicher Bootstypen oder gar eine Segelanweisung für unterschiedliche Reviere. Ein wenig gehört das mit dazu, aber nur als ergänzende Information. Es ist vielmehr eine Liebeserklärung an ein altes Schiff, die DAGMAR AAEN, die seit über 20 Jahren eine gewichtige Rolle in meinem Leben spielt. Vom Typ her ein sogenannter Haikutter, steht sie stellvertretend für zahlreiche Schiffe dieser Bauweise, die seit Jahrzehnten auf Nord- und Ostsee – aber auch im europäischen wie außereuropäischen Ausland anzutreffen sind. Davon wird die Rede sein. Die zahllosen Schiffe, die von ihren Eignern in jahrelanger und mühevoller Arbeit restauriert und in Fahrt gehalten werden, sind seelenverwandt. Am Rande wird auch von ihnen die Rede sein. Wesentlich jedoch ist für mich die Dagmar Aaen, denn sie ist mein Schiff und damit bin ich für sie verantwortlich. Das Geld, die Zeit, die Arbeit und auch die vielen kleinen Flüche, die im Laufe der Jahre in sie geflossen sind, honoriert sie mit Gelassenheit und Würde und dem gewaltigen Quantum Seetüchtigkeit und Zuverlässigkeit, die ich auf meinen Expeditionsreisen in die hohen Breiten benötige. Es ist ein gegenseitiges Geben und Nehmen, eine Partnerschaft, die ausgeglichen ist und Bestand hat.

Das ist durchaus nicht selbstverständlich, und eben deshalb ist es an der Zeit, diese kleine Hommage zu Papier zu bringen. Ich möchte Geschichten erzählen, die sich um ein Schiff ranken, das meinen Lebensweg in gewisser Weise beeinflusst und mit geprägt hat.

Die Dagmar Aaen wurde 1931 im dänischen Esbjerg gebaut und ist bereits zu einer kleinen Legende geworden: das erste Schiff, das aus eigener Kraft und ohne Eisbrecher den Nordpol umsegelt hat. Sie ist zugleich das erste Schiff, das den Doppelkontinent Nord- und Südamerika umrundet hat – um nur zwei Stationen ihres Lebens zu nennen. Was vor meiner Zeit geschah, wurde von dem Voreigner und meinem Freund Niels Bach dokumentiert. Was vor Niels' Zeit während der Fischerei passierte, ist im alten Anschreibebuch, das das Schiff seit Indienststellung im April 1931 begleitet, niedergeschrieben. So gesehen ist das Leben der Dagmar Aaen nahezu lückenlos nachzuvollziehen. Sie steht für ein Stückchen dänischer Kulturgeschichte sowie für ein abenteuerliches Leben in den entlegensten Gebieten dieser Erde.

Die Dagmar Aaen ist viel mehr als »nur« ein Transportmittel. Davon soll die Rede sein.

Neugierig bestaunen zwei Pinguine auf der Antarktischen Halbinsel den Neuankömmling. Damals – 1999/2000 – segelte die ***Dagmar Aaen*** *noch mit dem kleineren Rigg sowie einer Rah – der sogenannten Breitfock.*

ELSFLETH

Schiff vor Anker

Der Anblick hat sich stellvertretend für viele ähnliche Begebenheiten in meinem Gedächtnis eingebrannt: Seit 40 Tagen waren wir mit Ski und Pulkaschlitten im südlichen patagonischen Inlandeis unterwegs. Alle früheren Expeditionen vor uns waren bei dem Versuch, diese Nord-Süd-Durchquerung zu realisieren, an den ununterbrochenen Stürmen, die an Heftigkeit kaum zu überbieten sind, sowie an dem schwierigen Gelände gescheitert. Neun lange Tage hatte uns ein einziger Orkan in einem kleinen Dreimannzelt festgehalten. Wir waren aber zu fünft in diesem Zelt, unser zweites Zelt war gleich zu Beginn des Sturmes unter den Schneemassen verschüttet und zerstört worden. Es war unglaublich eng. Alles war nass und kalt, und langsam gingen unsere Vorräte dem Ende entgegen. Jede Stunde musste einer hinaus in den tosenden Sturm, um mit der Schaufel das Zelt auszugraben, damit es nicht das gleiche Schicksal erleiden möge wie das andere. Wenn er zurück ins überfüllte Zelt kam, war er von oben bis unten mit nassem, klebrigem Schnee verbacken, was noch zusätzliche Feuchtigkeit ins Innere transportierte. Die Situation war alles andere als angenehm!

Der Eisberg ist auf Grund gelaufen und stellt daher für das vor Anker liegende Schiff keine unmittelbare Gefahr dar. Trotzdem sollte man genügend Abstand von solchen Kolossen halten. Sie könnten unversehens zerbrechen.

Fast wieder zu Hause: Nach anstrengenden Einzelexpeditionen, wie hier vom patagonischen Inlandeis kommend, ist das Schiff noch mehr als sonst Ort der Geborgenheit für uns.

Endlich, am zehnten Tag, ließ der Sturm nach. Mit steifen Gliedern standen wir auf der Passhöhe, eingerahmt von namenlosen Berggipfeln, die vor dem Sturm von uns erstbestiegen worden waren, und blickten nachdenklich in eine unüberschaubare Senke, die noch niemals zuvor von Menschen begangen worden war: die Failla de Reichert.
Stundenlang waren wir damit beschäftigt, unsere Ausrüstung aus den meterdicken Schneeverwehungen auszugraben. Danach waren unsere Glieder wieder geschmeidig und wir durch die Blutzirkulation wieder warm. Uns war klar, dass diese Wetterbesserung nur von kurzer Dauer sein würde. Trotz der unmittelbaren Lawinengefahr, der tückischen Spalten und des tiefen, nassen Schnees machten wir uns an den Abstieg. Zweitausend Höhenmeter durch ein wildes, von Spalten zerrissenes, völlig unbekanntes und unkartiertes Gebiet. Einer der Pulkaschlitten stürzte während des Abstiegs 40 Meter tief in eine Gletscherspalte. Pablo, einer der besten chilenischen Bergsteiger, seilte sich ab, sicherte den Schlitten, und unter Aufbietung aller Kräfte zogen wir den beladenen Pulka wieder an die Oberfläche.
Keiner von uns wird diesen Abstieg vergessen. Nicht die donnernden Lawinen, die pausenlos scheinbar aus den Wolken herausfielen, da man die Bergflanken im Nebel und in den Wolken kaum mehr ausmachen konnte. Nicht die Böen, die uns immer wieder von den Beinen rissen, und auch nicht die riskanten Abseilmanöver mitsamt der schweren Schlitten. Zwischen einzelnen Wolkenfetzen konnten wir den Fjord, der tief ins Innere der chilenischen Küste reichte, unter uns liegen sehen. Den Fjord – und sie. Denn da war sie! Nur ein kleiner Punkt, kaum mehr als ein Fliegenschiss auf einer Panoramalandschaft. Aber doch unverkennbar und so selbstverständlich wie der Schnee um uns herum. Unser Schiff, die Dagmar Aaen, lag dort unten vor Anker. Eine Selbstverständlichkeit, die keine war, schon gar nicht im südlichen Patagonien. Seit dem Sturm hatte unser Funkgerät seinen Dienst eingestellt, das hieß, wir waren ohne Kontakt zur Außenwelt. Wir hatten zwar gehofft, das Schiff dort unten liegen zu sehen, aber sicher konnten wir uns dessen nicht sein. Aber sie war da, und auch wenn sie nur so ein winziger Klecks in der Landschaft war, strahlte sie für uns ein unglaubliches Gefühl der Geborgenheit aus. Dort unten lag unser Zuhause.
Es sollte noch Tage dauern, bis wir endlich am Ufer des Fjordes angelangt waren. Müde, dreckig und mit zerfetzter Ausrüstung, aber überaus zufrieden und erfolgreich.
Als wir das Schiff 43 Tage zuvor im Inneren des Baker-Fjords am Jorge-Montt-Gletscher verlassen hatten, war das ein eigenartiges Gefühl gewesen.

Indem wir von Bord gingen, ließen wir all das zurück, was uns in diesem entlegenen Winkel der Erde Sicherheit, Schutz und auch ein Minimum an Bequemlichkeit vermittelt hatte. Aber dieses Loslassen ist bisweilen wichtig, um den Stellenwert bestimmter Dinge wieder neu zu erfassen. Als wir jetzt das Schlauchboot auf uns zukommen und kurz darauf auf den Strand auflaufen sahen, hatte sich der Kreis für uns geschlossen.

Wir waren angekommen. Der Rest war schon fast wieder Alltag. Längsseitsgehen, an Bord steigen und die Planken unter den Füßen spüren, eine Mugg mit dampfendem Kaffee in den Händen, an der Reling stehen und zurückblicken auf das wolkenverhangene Bergpanorama, dem wir gerade entkommen waren.

Ein Blick aus über 2000 Meter Höhe vom patagonischen Inlandeis auf den Fjord hinunter, wo wir die DAGMAR AAEN vermuten. Dort müssen wir hinunter. Es wird Tage dauern, bis wir endlich am Ufer stehen und auf das Schlauchboot warten, das uns an Bord bringt.

Zum ersten Mal seit 43 Tagen genossen wir ein Gefühl der totalen Geborgenheit.

Es gab zahlreiche ähnlich gelagerte Situationen in den unterschiedlichsten Regionen dieser Erde. Je entlegener und einsamer die Küste, desto reizvoller für uns, dorthin den Kurs abzusetzen. Ob in der Antarktis, Grönland, Alaska, ob auf Pitcairn oder in den Äußeren Hebriden – immer spielte das vor Anker liegende Schiff eine maßgebliche Rolle.

Das logistische Kunststück besteht darin, den Proviant für zehn Personen und mindestens ein halbes Jahr sowie Ausrüstung und Ersatzteile so zu verstauen, dass man sie auch wiederfindet.

Schon früh hatte ich die Bücher von der britischen Segellegende Bill Tilman gelesen, der mit seinen drei alten Bristol Channel Pilot Cutter auf die gleiche Art und Weise für sich die Welt erobert hatte. Für mich ist dies nach wie vor die schlüssigste Form des Expeditionsreisens. Durch das Fliegen von A nach B über Kontinente und Ozeane hinweg findet eine räumliche Objektverlagerung, nämlich die meines Körpers, statt. Der Kopf braucht länger, um anzukommen, und er wird bei dieser Reiseart nie ein Verhältnis zu Distanzen auf dieser Erde gewinnen. Drei Viertel der Erdoberfläche bestehen aus Wasser, die Ozeane sind die bis heute unbekanntesten Naturlandschaften und die größten zugleich. Übers Meer zu reisen ist nicht eintönig, nicht langweilig. Im Gegenteil. Keine Landschaft ist dynamischer und nichts ist so permanent der ständigen Veränderung unterworfen wie die Meere. Totaler Flaute mit spiegelglatter See kann ein Sturm folgen, der Schiff und Mannschaft gnadenlos verschlingt, wenn beide nicht darauf vorbereitet sind. Ozeane erstrecken sich durch alle Klimazonen der Erde, stoßen an tropische Küsten wie an eisige Gestade, an Vulkaninseln wie Sandwüsten. Sie bieten den Zugang zum festen Boden unter den Füßen. Wenn ich von Hamburg in die Antarktis segle, erfahre ich, wie weit diese beiden Orte voneinander entfernt liegen. Ich erspüre es, Zahlen und Fakten besagen da nur wenig. Einmal unterwegs, habe ich keinen Einfluss mehr auf die Art der Herausforderungen, auf die Naturgegebenheiten, auf die Dauer von Stürmen und deren Heftigkeit sowie die daraus resultierenden Konsequenzen. Die See bestimmt die Spielregeln – ich habe zu reagieren. Es ist das Erleben einer Reise, die die Unmittelbarkeit mit sich bringt. Irgendwann und irgendwo findet der Landfall statt, wie der Seemann sagt. In einer Bucht, einem Fjord, im Windschatten einer Insel geduckt, sucht man sich einen geeigneten Ankerplatz. Die Bremse der Ankerwinde wird gelöst, der Anker rauscht in die Tiefe, langsam schwoit das Schiff achteraus und zieht dabei noch mehr Kette aus dem Kettenkasten, solange, bis etwa die drei- bis vierfache Wassertiefe an Kette herausgelassen worden ist. Dann wird die Bremse angezogen, ein Sicherungshaken eingehängt, das Schiff ruckt noch mal in die Kette und liegt still.

Jetzt beginnt der andere Teil der Reise – die Erkundung der Landschaften. Alles, was wir dafür brauchen, haben wir an Bord: Bergausrüstung, Ski, Schlitten, Mückenschutz, Erste-Hilfe-Kit, Bücher, Teebeutel, gefriergetrocknete Trekkingmahlzeiten, Sonnencreme, Gummibärchen, Funkgeräte. Das Schiff ist eine kleine autarke Welt, ein Warenlager an Ausrüstung für die jeweils geplanten Touren an Land. Über Generatoren oder Solarzellen werden

Batterien für die Kameras geladen, mit dem Kompressor Atemluftflaschen für die Tauchausrüstung gefüllt, und in der Navigation wird Kartenmaterial für die beste Route gewälzt.

Dieses Zusammenwirken von einzelnen Reiseelementen macht für mich eine Unternehmung so abwechslungsreich und spannend. Das Schiff ist dabei die Drehscheibe; nicht Selbstzweck, sondern Mittel zum Zweck und immer stiller Teilhaber an allen Erfolgen oder Misserfolgen. Ein Schiff und eine Mannschaft gehen eine Partnerschaft ein. Es ist eine Symbiose, die viel tiefer greift, als ein Außenstehender so ohne weiteres nachvollziehen kann.

Im Laufe der Jahre habe ich mit der Dagmar Aaen auf diese Art und Weise über 200 000 Seemeilen zurückgelegt. Und das weiß Gott nicht auf den Barfußrouten dieser Welt.

Das verbindet. Noch heute segeln Crewmitglieder auf der Dagmar Aaen, die mit mir gemeinsam angefangen haben. Über das Schiff haben sich viele Menschen kennengelernt, sind zu Freunden geworden oder auch enttarnt und nie wieder gesehen worden. Selten gibt es einen Mittelweg. Das vor Anker liegende Schiff ist in gewisser Weise wie ein Leuchtturm. Es weist uns den Weg zurück oder aber auch zu neuen Kursen. Ich hoffe, dass es noch recht lange dabei bleibt.

Wir sind die ersten Menschen, denen es gelingt, eine Route durch die Failla de Reichert im patagonischen Inlandeis zu begehen. Ein neuntägiger Orkan, Schneefälle, Lawinen und Spalten fordern unsere ganze Geduld – und unser ganzes Können.

Eingefroren im meterdicken Eis des Scorebysundes an der grönländischen Ostküste, verbringt die Dagmar Aaen den Winter 1997/98. Es herrscht noch Polarnacht. Die Helligkeit rührt vom Vollmond her, an Deck sieht man Lampen brennen (folgende Doppelseite).

Junges, altes Schiff

Macht es Sinn, sich ein altes Schiff zu kaufen, Unsummen an Geld und Freizeit zu opfern, um es in einen passablen Zustand zu versetzen und dann endlich nach Jahren harter Arbeit segeln zu können? Wobei dann natürlich nicht nur gesegelt wird, denn ständig muss irgendetwas getakelt, gemalt, kalfatet oder geteert werden – Traditionsschiffe sind Arbeitsschiffe im weitesten Sinne des Wortes. Ehen sind daran gescheitert, Existenzen zerbrochen, gestandene Männer zu hohlwangigen Alkoholikern geworden – und dann muss oft auch noch der spöttische Blick der segelnden Epigonen ertragen werden, die in makellosem Marineblau auf eleganten Yachten hoch am Wind segeln und denen die Probleme und Ambitionen eines Traditionsschiffseigners so fremd sind wie einem Sternekoch die Currywurst.
Selbst die segelnde Journaille schaut ein wenig verwundert und irritiert auf die Schar von Altschiffenthusiasten, die auf ihren vermeintlich morschen Kähnen den schnittigen Regattayachten immer im Weg stehen. Es sind die übrig gebliebenen Althippies, die Unverbesserlichen, die eigentlich samt ihren Schiffen präpariert und ins Museum gehören. Hafenkapitäne schauen mürrisch auf die maritimen Baustellen, die teilweise Jahre unter flatternden Planen verborgen ihrer Fertigstellung entgegensehen und die man lieber heute als morgen loswerden möchte.
So war die Stimmung im Lande zumindest noch vor einigen Jahren. Inzwischen hat sich da vieles geändert. Die Individualisten sind geblieben, und haben sich allen Prognosen zum Trotz vermehrt.
Wie auch die Traditionsschiffe. Die Zahl der traditionellen Segelschiffe hat europaweit geboomt und eine Flotte heranwachsen lassen, die vom Umfang her bestenfalls im frühen 20. Jahrhundert anzutreffen war. Und mehr noch: Es werden sogar traditionelle Neubauten in Auftrag gegeben. Sind das nun alles Narren, die solche Schiffe betreiben? Die Ewigalternativen und -gestrigen? Wohl kaum. Denn mit Naivität und reinem Idealismus lässt sich aus einem alten, verwahrlosten und über die Jahre durch harten Arbeitseinsatz gezeichneten Rumpf kein funktions- und seetüchtiges Schiff herstellen. Was aber den meisten Eignern solcher betagten Schiffe in der Tat abgeht, ist die Bereitschaft zu einer nüchternen Kosten-Nutzen-Rechnung.
Am Anfang steht der Wunsch, ein derartiges Schiff zu erhalten, und danach beginnt die Suche nach den Möglichkeiten sowohl in finanzieller wie organisatorischer Hinsicht. Altschiffseigner sind Idealisten, bisweilen Träumer, aber solche mit einer gehörigen Portion Realitätsbewusstsein, denn anders würden sie die Projekte nicht durchsetzen können. Sie alle sind Projektleiter, Eigner, Schiffer, Teamführer und Krisenmanager in Personalunion. Ein Schiff, egal wie groß oder klein, kostet immer Geld und wird mit zunehmender Größe zwangsläufig zu einem Wirt-

Der lang gehegte Traum vom eigenen Schiff wird endlich Wirklichkeit: das erste Foto nach der Übernahme der DAGMAR AAEN *von Niels Bach. Das Schiff liegt im Oktober 1988 im Hafen von Glückstadt.*

schaftsunternehmen. Tatsächlich ist die Szene insgesamt zu einem Wirtschaftsfaktor geworden. Nehmen wir z. B. die Kieler Woche: Ohne die imposante Kulisse der Traditionssegler, die sich zum überwiegenden Teil aus wirtschaftlichen Zwängen dieser Veranstaltung anschließen, wäre die Meile wohl das, was sie eigentlich ist: eine Fress- und Saufmeile, austauschbar mit jedem Volksfest und Rummel. Denn die eigentlichen Sportveranstaltungen finden ja draußen statt, von dem Gros der Besucher kaum wahrgenommen. Die Traditionsschiffe wirken jedoch als Publikumsmagnet. Auch über die maritimen Veranstaltungen hinaus sind sie zu einem Wirtschaftsfaktor geworden. Inzwischen lebt eine ganze Zubehörindustrie von ihnen, zusätzlich die Werften, Segelmacher und andere Spezialisten. Es wird wieder Geld mit Traditionsschiffen verdient. Man muss einmal einer dieser Traditionsschiffsveranstaltungen beiwohnen, um den derzeitigen Umfang der Flotte zu ermessen. Allein bei der jährlichen Rum Regatta in Flensburg versammeln sich regelmäßig 120 bis 130 Schiffe. Bei einer der größten europäischen Veranstaltungen dieser Art in Brest sollen es angeblich sogar 1000 Schiffe und Boote jedweder Größe sein – von der alten Viermastbark bis hin zu kleinen Jollen. Nicht jedes Rahmenprogramm dieser Veranstaltungen ist gelungen, viel zu oft gibt es viel zu viel Kommerz, Handystände, Bierbuden, Jahrmarktsveranstaltungen und laute Musik. Flensburg und Brest und noch einige andere Veranstaltungsorte stellen die positiven Ausnahmen dar. Dort stehen die Schiffe und deren Mannschaften sowie Kleinkunst und maritimes Flair im Vordergrund. Es sind Veranstaltungen der eher leisen Töne, wobei den kulinarischen Ansprüchen ebenso Rechnung getragen wird wie dem Umstand, dass man sich doch selbst bitte sehr nicht allzu ernst nehmen sollte. Wie immer kommt es auf die Mischung an.

Bevor ich 1988, damals noch zusammen mit drei Miteignern, die DAGMAR AAEN von Niels Bach kaufte, war ich jahrelang auf der Suche nach einem geeigneten Schiff gewesen. Geeignet hieß in diesem Fall zwischen 15 bis 20 Meter groß, ein robuster, segelfähiger Holzrumpf aus Eiche und dabei natürlich nicht zu teuer. Ich hatte von jeher ein Faible für traditionelle Segelboote, war auf unterschiedlichen Schonern gefahren, hatte unter anderem eine Atlantiküberquerung auf einer modernen Yacht absolviert, kam aber immer wieder auf die traditionellen Takelungen zurück. Keine rationale Entscheidung, wohl mehr ein Bauchgefühl. Warum auch nicht? Eine hochgetakelte Fahrtenyacht ist sicher ungleich leichter zu handhaben und zu warten als ein gaffelgetakelter Kutter, aber schließlich ging es ja nicht darum, ein ausschließlich effizientes Reisevehikel zu finden. Wenn es darum gegangen wäre, hätte ich mich für eine Motoryacht, ein Flugzeug oder ein Luftkissenboot entscheiden müssen. Nein, mir ging es neben ganz pragmatischen Überlegungen wie Seetüchtigkeit, Solidität und Zuverlässigkeit auch um Sympathie zum Objekt. Das Fahrzeug musste zu mir passen, es musste seelenverwandt sein und mich meinen Platz darin finden lassen. Nur dann würden wir eine starke Einheit bilden. Zudem bietet ein Segelboot im Gegensatz zu anderen Fahrzeugen die Möglichkeit, auf eine relativ umweltfreundliche Art zu reisen.

Die meisten Schiffe, die angeboten wurden, waren entweder jenseits meiner finanziellen Möglichkeiten oder befanden sich in einem derart armseligen Zustand, dass an eine vollkommene Restaurierung nicht zu denken war. Bis ich auf die DAGMAR AAEN beziehungsweise deren Eigner Niels Bach stieß.

Die DAGMAR AAEN ist eines jener grundsoliden dänischen Fischereifahrzeuge, wie es sie bis vor kurzem noch in großer Zahl in den dänischen Gewässern gab. In den letzten Jahren ist ihre Zahl stark rückläufig, was aber mehr an unseligen politischen und fragwürdigen ökonomischen Gründen liegt als daran, dass sie

Niels Bach an dem Einzylinder-Glühkopfmotor des dänischen Herstellers Tuxham. Der Motor leistete nominell 75 PS, war hoffnungslos veraltet und musste schließlich einem moderneren Schiffsdiesel weichen.

womöglich altersschwach geworden wären. Ein wahrhaft düsteres Kapitel, doch dazu später mehr.

Die DAGMAR AAEN wurde als klassische Stellvertreterin ihrer Art auf der renommierten Werft N.P. Jensen im Jahre 1931 in Esbjerg gebaut. Ihr Eigner Mouritz Aaen galt in Esbjerger Kreisen als geschäftstüchtiger und erfolgreicher Unternehmer.

Ein Mann wie ein Baum, durchsetzungsfähig, ruppig im Umgang, kompromisslos, ein Sklaventreiber einerseits und gleichzeitig der Patriarch, der sich um seine Fischer kümmerte, wenn sie in Not gerieten. Seine Kutter wurden ausschließlich aus den besten Materialien gebaut, nach für die damalige Zeit modernsten Richtlinien ausgestattet und galten demzufolge als die Elite. Sie waren außerordentlich robust und seetüchtig – ein Umstand, den sie sich bis zum heutigen Tag bewahrt haben. Der Mann konnte sich das leisten. Diese Kutter konnten auf See bleiben, wenn andere schon längst den Hafen ansteuerten. Entsprechend hoch waren die Erträge; Quotenregelungen und Fangbegrenzungen waren in dieser Zeit noch Fremdworte. Man fing so viel und so lange, wie man konnte, und kehrte erst in den Hafen zurück, wenn keine Makrele oder Scholle mehr in den Laderaum passte. In der Regel dauerten diese Fangreisen zwei bis drei Wochen. Von diesen Kuttern ließ Mouritz Aaen nacheinander vier Stück bauen. Die ersten zwei Kutter benannte er nach seinen Töchtern Gudrun und Ebba, den dritten Kutter taufte er auf den Namen seiner Frau: Dagmar. Nur den letzten und größten Kutter taufte er ein wenig zurückhaltend, aber doch stolz auf M. AAEN.

Von der Größe her lag die DAGMAR AAEN im Vergleich zu anderen Kuttern im oberen Bereich. Einige Kutter waren noch ein wenig größer, aber insgesamt entsprach diese Schiffsgröße dem Paradebeispiel eines hochseetüchtigen Fischkutters. Die stürmische Nordsee erforderte eine gewisse Schiffsgröße.

Meine erste Begegnung mit der Dagmar Aaen (links) im Flensburger Hafen. Das Schiff liegt neben der Bellis, einem gleich großen Haikutter, der damals zum Museumshafen Flensburg gehörte. Das klassische Segelschiffheck der Haikutter ist immer wieder eine Augenweide.

Als ich Ende der 1980er-Jahre die diversen Fischerhäfen auf der Suche nach einem geeigneten Schiff durchstöberte, besuchte ich auch den Esbjerger Hafen. Ich übernachtete in der Seemannsmission, um Zeit zu haben, die einzelnen Hafenbecken abzulaufen. Denn Zeit brauchte man, um alle Kutter zu betrachten.
Hunderte waren es, die damals den Hafen aufsuchten. Ich werde dieses Bild nie vergessen. Es war ein stetes Kommen und Gehen von Fischkuttern. Fische wurden gelöscht, Eis zum Frischhalten der kostbaren Fracht wurde für die nächste Fangreise mittels großer Schläuche durch die Eisdeckel hindurch in den Laderaum geleitet, Netze wurden geflickt, Schäden an der Technik repariert, und dann ging es auch schon wieder raus. Heute ist der Hafen von Esbjerg nahezu leer. Aber bis in die 1980er-Jahre hinein boomte die dänische Fischerei. Die Werften waren ausgelastet, die Fischer hatten Geld, um aufwendige und qualitativ hochwertige Reparaturen durchführen zu lassen, neue, größere Holzkutter wurden gebaut und mit immer mehr Technik an Bord ausgerüstet. Die Dagmar Aaen war zu diesem Zeitpunkt längst nicht mehr im oberen Größenbereich angesiedelt. Es gab mittlerweile viel größere Kutter mit enorm starken Maschinenanlagen und Hightech an Bord. Viele der älteren Kutter, zu denen die Dagmar Aaen damals bereits gehörte, wurden mit 400 PS starken Maschinen umgerüstet, erhielten

monströse Ruderhäuser aus Aluminium und aufwendiges Fanggeschirr. Etliche der alten Holzrümpfe wurden durch die immer größer werdenden Schleppnetze und die brutale Maschinenkraft weich gesegelt. Das Netz zerrte von hinten, die Maschine trieb den Rumpf mit brachialer Gewalt durch die raue Nordsee, das hielt auf Dauer bei weitem nicht jedes Schiff aus. Trotzdem gibt es auch heute noch Kutter, die selbst diese Verwandlung in einen modernen Industriekutter überdauert haben.

Der DAGMAR AAEN blieben diese harten Eingriffe erspart. Von Anfang an war sie in der Snurrewadenfischerei tätig gewesen, einer sehr schonenden Art zu fischen. Dabei ging der Kutter zunächst im Fanggebiet vor Anker. Danach wurde die eine der beiden Zugleinen der Wade (Fangnetz) ins Wasser gefiert und mit einem Boot in einem Halbkreis durchs Wasser gezogen. Wenn die Leine ausgelegt war, wurde die Wade gesetzt – und dann die zweite Leine in einem zum ersten Bogen symmetrischen Halbkreis ausgelegt, wobei zuletzt das Boot den Kutter wieder erreichte und daran festmachte. Danach wurden die Wadentaue mit einer Winde an Deck des Kutters eingeholt, ihre Halbkreise richten sich dabei aus, bis die Leinen fast parallel vom Boot aus in der Richtung der Wade liegen. In dieser Phase zeigt sich die simple und geniale Technik der Snurrewade! Denn die sich ausrichtenden Leinen beschreiben über dem Meeresboden eine »fegende« Bewegung gegeneinander und schubsen die Fische, die ungern gegen oder gar über die Leinen schwimmen, zwischen Boot und Wade zusammen. Diese wird jetzt rasch zum Boot gehievt. Ein Teil der Fische landet im Sack und wenig später an Deck. Anders als beim Trawlen, bei dem die Netze mittels starker Maschinen durchs Wasser gezogen werden, wird bei der Snurrewadenfischerei überhaupt kein Motor benötigt. Lediglich die Winde wird maschinell betrieben. Deshalb sind Kutter, die mit der Snurrewade gefischt haben, in den Verbänden lange nicht so stark beansprucht worden wie die Trawler. Ein Trawler wird von einem enorm kräftigen Motor angetrieben, wobei das Netz wie ein überdimensionierter Bremsanker wirkt. Alle Zugkräfte lasten auf dem Schiffskörper, der über die Jahre hinweg weich wird und nicht dieselbe Festigkeit aufweist wie ein Snurrewadenkutter. Das sind die Feinheiten, die man wissen sollte, wenn man sich für einen alten Holzrumpf interessiert.

Es gibt viel zu tun! Im Glückstädter Hafen wird erst einmal Bestandsaufnahme gemacht, um wenig später auf der Peterswerft in Wewelsfleth mit den ersten Umbaumaßnahmen zu beginnen.

Auf diese Art fischte die DAGMAR AAEN bis in die späten 1970er-Jahre, dann waren ihre Eigner – Mouritz Aaen hatte schon längst hoch betagt das Zeitliche gesegnet – zu alt und der Kutter wurde aufgelegt. Zu diesem Zeitpunkt entdeckte Niels Bach das Schiff. Wenig später erwarb er es. Es war sicher eine glückliche Fügung, dass gerade Niels das Schiff übernahm, auch wenn er selbst bisweilen Zweifel daran gehabt haben mag. Ein Kutter dieser Größenordnung erfordert Zeit, viel Geld und Hin

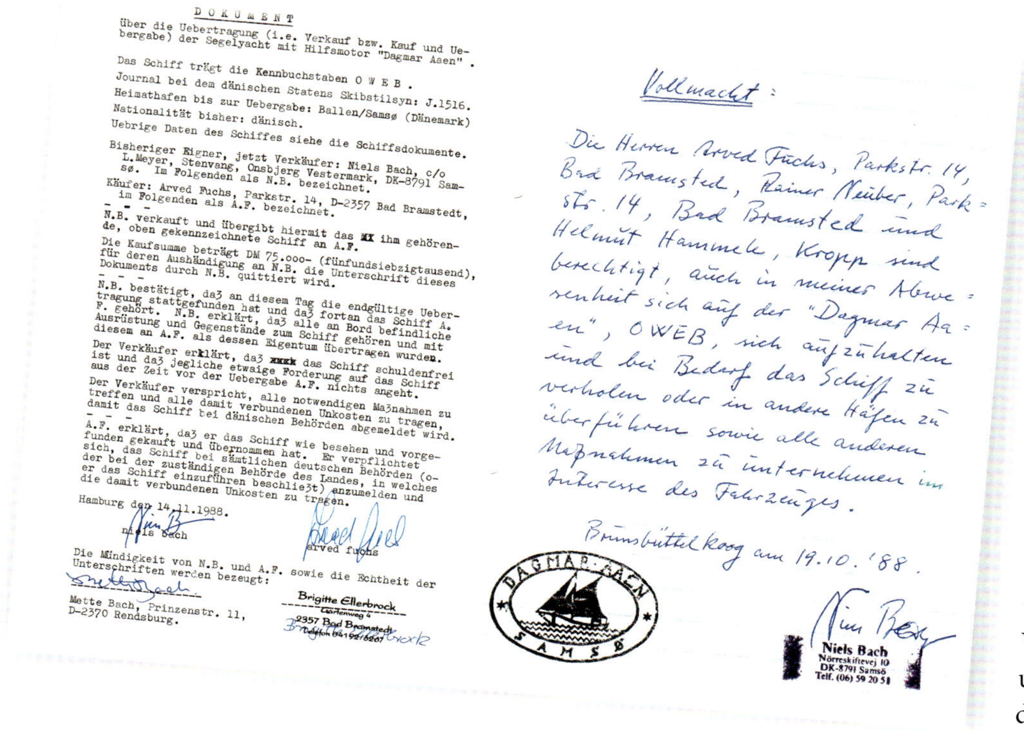

D O K U M E N T

über die Uebertragung (i.e. Verkauf bzw. Kauf und Uebergabe) der Segelyacht mit Hilfsmotor "Dagmar Aaen".

Das Schiff trägt die Kennbuchstaben O W E B.
Journal bei dem dänischen Statens Skibstilsyn: J.1516.
Heimathafen bis zur Uebergabe: Ballen/Samsø (Dänemark)
Nationalität bisher: dänisch.
Uebrige Daten des Schiffes siehe die Schiffsdokumente.

Bisheriger Eigner, jetzt Verkäufer: Niels Bach, c/o L.Meyer, Stenvang, Onsbjerg Vestermark, DK-8791 Samsø. Im Folgenden als N.B. bezeichnet.
Käufer: Arved Fuchs, Parkstr. 14, D-2357 Bad Bramstedt, im Folgenden als A.F. bezeichnet.
- - -
N.B. verkauft und übergibt hiermit das ihm gehörende, oben gekennzeichnete Schiff an A.F.
Die Kaufsumme beträgt DM 75.ooo- (fünfundsiebzigtausend), für deren Aushändigung an N.B. die Unterschrift dieses Dokuments durch N.B. quittiert wird.
- - -
N.B. bestätigt, da3 an diesem Tag die endgültige Uebertragung stattgefunden hat und da3 fortan das Schiff A.F. gehört. N.B. erklärt, da3 alle an Bord befindliche Ausrüstung und Gegenstände zum Schiff gehören und mit diesem an A.F. als dessen Eigentum übertragen wurden.
Der Verkäufer erklärt, da3 das Schiff schuldenfrei ist und da3 jegliche etwaige Forderung auf das Schiff aus der Zeit vor der Uebergabe A.F. nichts angeht.
Der Verkäufer verspricht, alle notwendigen Ma3nahmen zu treffen und alle damit verbundenen Unkosten zu tragen, damit das Schiff bei dänischen Behörden abgemeldet wird.
- - -
A.F. erklärt, da3 er das Schiff wie besehen und vorgefunden gekauft und übernommen hat. Er verpflichtet sich, das Schiff bei sämtlichen deutschen Behörden (oder bei der zuständigen Behörde des Landes, in welches er das Schiff einzuführen beschlie3t) anzumelden und die damit verbundenen Unkosten zu tragen.

Hamburg den 14.11.1988.

niels bach — arved fuchs

Die Mündigkeit von N.B. und A.F. sowie die Echtheit der Unterschriften werden bezeugt:

Mette Bach, Prinzenstr. 11, D-2370 Rendsburg.

Brigitte Ellerbrock, Gartenweg 4, 2357 Bad Bramstedt, Telefon 04192/6207

Vollmacht:

Die Herren Arved Fuchs, Parkstr. 14,
Bad Bramsted, Rainer Neuber, Park=
str. 14, Bad Bramsted und
Helmut Hammele, Kropp sind
berechtigt, auch in meiner Abwe=
senheit sich auf der "Dagmar Aa=
en", OWEB, sich aufzuhalten
und bei Bedarf das Schiff zu
verholen oder in andere Häfen zu
überführen sowie alle anderen
Maßnahmen zu unternehmen im
Interesse des Fahrzeuges.

Brunsbüttelkoog am 19.10.'88.

Niels Bach
Nörreskiftevej 10
DK-8791 Samsö
Telf. (06) 59 20 51

Der Kaufvertrag über die ***Dagmar Aaen*** *sowie die Vollmacht von Niels Bach, die uns offiziell gestattet, bis zur vollständigen Bezahlung das Schiff zu betreten und gegebenenfalls zu bewegen.*

wendung – mehr als es für einen Familienvater bisweilen möglich ist. Über elf Jahre hinweg hat Niels das Schiff betrieben. Er hat es umgebaut, ohne den Charakter des Kutters zu verändern. Eine Kuttertakelung wurde angefertigt, der Fischraum von den Reminiszenzen der Fischerei nachhaltig gereinigt und mit Kojen versehen. Solchermaßen gewappnet, trachtete Niels fortan danach, die Betriebskosten – und wenn möglich sogar die Lebenshaltungskosten – durch Charterreisen mit Jugendgruppen einzufahren.

Ein hartes, zeitweilig zermürbendes Geschäft, das bei Niels unter dem schönen Titel »Sozialverklappung und Gruppenhydraulik« lief. Ende der 1980er-Jahre war das Maß voll. Schweren Herzens und wohl mehr der Not gehorchend entschloss er sich, den Kutter zu verkaufen. Er tat das wirklich nicht mit großem Enthusiasmus. Ich entsinne mich noch gut des ersten Gesprächs, das wir in dieser Angelegenheit führten. Damals kannten wir uns noch nicht. Niels war skeptisch, eher abweisend und mürrisch – so, als sei die Verkaufsidee gar nicht seine eigene gewesen. Nach einigen Wochen und einer gemeinsamen Segelreise durch die Ostsee wurden wir uns einig. Niels setzte einen Vertrag auf, ich unterschrieb und zahlte gemeinsam mit den damaligen Miteignern den Kaufpreis von 75 000 DM. Das Schiff wechselte den Besitzer.

Unvergessen bleibt die Überführungsfahrt von Dänemark durch den Nordostseekanal nach Glückstadt. Außer uns war Niels mit seiner damals kleinen Tochter Inger Marie an Bord, und beiden war der Abschiedsschmerz ins Gesicht geschrieben. Man trennte sich nicht frohgemut von einem alten, liebenswerten Gegenstand, sondern trauerte ihm hinterher. Die Abschiedsszene im Vorschiff, das seit 1931 unverändert erhalten geblieben ist, wird wohl keiner der Beteiligten vergessen. Wir freuten uns, waren voller Ungeduld und Unternehmungslust, während Niels, Inger Marie und Niels' Frau Mette wehmütig dreinblickten. Wir stießen mit einem Glas Sekt beim Schein der Petroleumlampen an, und ich sicherte Niels zu, dass er stets eine Koje an Bord finden würde. Längst ist aus dieser anfänglichen Verkäufer/Käufer-Beziehung eine enge Freundschaft geworden. Niels gehört seither zum Inner Circle der Dagmar Aaen, und sein Wissen und seine Empfehlungen haben dem Schiff stets wohl getan.

Da lag sie also, die Dagmar Aaen, ein wenig schmucklos und schlecht in Farbe, aber imposant anzusehen und unglaubliche Zuverlässigkeit und Trutzigkeit ausstrahlend. Ein Schiff, das lang gehegte Träume in Reichweite rücken ließ, das mich aber auch so sehr in seinen Bann gezogen hatte, dass ich wie ein verliebter Gockel auf der Pier auf und ab lief, um ja jeden Blickwinkel auf die formschöne Diva zu erhaschen. Die Dagmar Aaen hatte mich längst in ihren Besitz genommen – lange bevor ich sie von Niels formell übernommen hatte. Ich hatte es zu diesem Zeitpunkt nur noch nicht bemerkt.

Die Ebba Aaen im Hafen von Ebeltoft. Das Schiff hat eine Ketschtakelung und wirkt mit dem überdimensionierten Deckshaus und gedrechselten Relingsstützen etwas verbaut, scheint aber ansonsten gut erhalten. Ob auch noch die Gudrun Aaen irgendwo existiert, ist mir leider nicht bekannt.

Im Jahre 1993 segelten wir auf dem Weg in die Nordwestpassage die grönländische Westküste entlang Richtung Norden. In einer dramatischen Eisfahrt gelang es uns, in nur einer Saison Alaska zu erreichen. Die Dagmar Aaen war damals erst das dritte Schiff, dem das in einem Jahr gelungen war (folgende Doppelseite).

Eine ganz normale Reise

Die Ostküste Grönlands lag hinter uns, und damit war jedem an Bord klar, dass sich die Reise langsam, aber sicher dem Ende näherte. Fast drei Monate waren vergangen, seit wir von Flensburg ausgelaufen und über die Shetland-Inseln, die Faröer und Island an die einsame Küste Ostgrönlands gesegelt waren. Vorbei an dichten Eisfeldern und an gigantischen Eisbergen, waren wir in das Innere der Fjorde Grönlands gelangt, die zu den größten, längsten und eindrucksvollsten der Erde gehören. Monumentaler kann nach meinem Dafürhalten eine Landschaft kaum sein. Über 2000 Meter hohe Berge, die sich lotrecht aus dem Wasser erheben, gewaltige Gletscherzungen, die über den Rand der Berge hinweg lecken, Wasserfälle, die aus 1500 Metern senkrecht nach unten fallen, und Eisberge, die ein Schiff von der Größe der DAGMAR AAEN wie ein Spielzeug wirken lassen. Die Sonne war 24 Stunden ununterbrochen am Himmel, das wechselnde Licht und die glasklare Luft, die Distanzen schrumpfen lässt, sowie die Tier- und Pflanzenwelt, das alles hatte uns wochenlang in den Bann gezogen und mit immer neuen Eindrücken angefüllt. Jetzt waren unsere Speicher voll, hatten wir das Gefühl, nichts mehr in uns aufnehmen zu können. Wir waren an der Küste so lange nach

Nur unter Sturmfock segeln wir durch die aufgewühlte See. Die Gutmütigkeit der Haikutter auch bei schwerstem Wetter hat mich immer wieder angenehm überrascht.

Bei viel Wind kann die Großschot nur mit »all hands« geholt werden. Aufschießen des Tauwerks nach erfolgtem Manöver.

Über Deck sind Strecktaue gespannt. Hans-Joachim Karpus klariert eine Schot. Das schlechte Wetter kann kommen. Die Wache ist vorbereitet.

Norden gefahren, bis uns auf Höhe des 74. Breitengrades das Packeis stoppte. Danach ging es südwärts bis hinunter zum 65. Breitengrad. Unser letzter grönländischer Hafen Tasiilaq war zugleich auch der erste und einzige an dieser Küste, den man getrost als solchen bezeichnen konnte. Alles andere waren lediglich Ankerplätze gewesen. In Tasiilaq konnten wir Brennstoff, Proviant und Wasser bunkern sowie die

längst überfällige Dusche genießen. Dann, am 5. September, warfen wir die Leinen los. Der isländische und der grönländische Wetterbericht und auch die über Inmarsat-Satelliten verbreitete Prognose verhießen einmütig moderates Wetter. Die 400 Seemeilen lange Strecke bis Reykjavík würde vermutlich ohne größere Aufregung verlaufen.

Wir waren ein eingespieltes Team. Die Wachen liefen routinemäßig ab, jeder wusste genau, was er zu tun hatte. Dick eingepackt standen die drei Wachgänger an Deck. Die Nächte wurden bereits spürbar länger und kälter, und auch während des Tages ließ sich der nahende Winter nicht mehr verdrängen. Vier Stunden Wache reichen aus, um auch den hartgesottensten Seemann kalt und einsilbig werden zu lassen. Die Freiwache zog sich fröstelnd unter Deck

Wasser an Deck! Das Schiff hat ein relativ geringes Freibord, was früher dem Einholen der Fischereinetze geschuldet war. Der Stabilität tut das indessen keinen Abbruch – es darf nur kein Wasser durch geöffnete Niedergänge ins Schiffsinnere gelangen.

zurück, um sich in der Wärme und Geborgenheit aus den diversen Schichten an Fleece und Ölzeug zu schälen. Wie immer, wenn wir auf See sind, dampfte auf dem Herd der Kessel mit heißem Wasser, damit man sich jederzeit eine heiße Tasse Tee oder Kaffee machen kann. Das weckt die Lebensgeister. Die Sicht hatte sich während der letzten Stunden verschlechtert, und der Wind war weiter aufgefrischt. In der Dunkelheit und der wogenden See ließen sich die Eisberge, die wie Perlen auf die Schnur gezogen die grönländische Küste bis 100 Seemeilen seewärts säumen, nur noch auf dem Radar ausmachen. Auf dem Vorschiff wechselte sich der Ausguck alle halbe Stunde ab, da die salzige Gischt und das Starren in die Dunkelheit schnell die Augen ermüdeten. Während die drei Wachgänger das Schiff durch die Nacht steuerten, zogen sich die anderen in ihre Kojen zurück, um zu lesen oder noch vor der nächsten Wache ein wenig Schlaf zu tanken. Ruhe und Entspannung sind wichtig auf einer langen und von klimatischen Extremen begleiteten Reise. Deshalb gilt an Bord, dass, solange die Freiwache nicht gerufen wird, auch keiner in der Verantwortung steht. Man soll sich regenerieren. Sollte an Deck ein Manöver erforderlich werden, würde die Wache gezielt die benötigte Anzahl von Crewmitgliedern

In der Takelage beginnt sich Eis zu bilden. Was auf den ersten Blick schön anzusehen ist, kann unter Umständen die Stabilität und die Funktionalität des Schiffes beeinträchtigen.

wecken. Nur in wirklich kritischen Situationen wird »all hands« gerufen.
Die Nacht entwickelte sich immer ungemütlicher. Mir gefiel die Wetterentwicklung überhaupt nicht. Prüfend stand ich wechselweise an Deck oder im Niedergang, um die Entwicklung abschätzen zu können. Der Luftdruck fiel beständig, und um Mitternacht hatte der Wind noch weiter aufgefrischt. Zeit für die Sturmbesegelung. Ständig von Gischt eingehüllt und gesichert an den über Deck laufenden Strecktauen, bargen wir die Fock und tauschten sie gegen die kleine Sturmfock aus. Auch das Groß, in das wir vor Einbruch der Nacht bereits das dritte Reff eingebunden hatten, wurde geborgen und gegen ein kleines Trysegel ausgetauscht. Damit hatten wir die kleinste Segelgarderobe gesetzt, über die die DAGMAR AAEN verfügt. Jetzt waren wir für weit schlechteres Wetter gewappnet als derzeit herrschte, aber wir wollten eine möglichst ruhige Nacht erleben – trotz des Windes. Nach der insgesamt erlebnisreichen Reise stand keinem von uns der Sinn nach irgendeiner gewagten Segelführung.
Kurz darauf wehte es schon mit 38 bis 40 Knoten. Irgendwie passte das überhaupt nicht zum Wetterbericht. Zum Glück kam der Wind anfangs aus südlicher Richtung, sodass wir bei halbem bis raumem Wind trotz des Seegangs gut Fahrt machten.

Messingputzen zählt nicht unbedingt zu den populären Aufgaben an Bord. Aber was sein muss, muss sein!

Am nächsten Tag stand der Windmesser auf 49 Knoten, kurz darauf übersprang er in Böen die 50-Knoten-Marke – Windstärke 10. Die Wetterberichte, die uns jetzt erreichten, klangen ganz anders als die von gestern. Sturmwarnung, Nordost 10 Beaufort für unser Seegebiet. Offenbar hatte sich ein kleines Sturmtief entwickelt, dessen Entstehung in so kurzer Zeit wohl nicht vorhersehbar war. Da der Wind mittlerweile aus Nordost kam, änderten wir um die Mittagszeit den Kurs, um vor Wind und Seen abzulaufen. Das ist eine bewährte Sturmtaktik – auch wenn sie einen nicht auf direktem Weg zum Ziel führt. Aber es war ein Gebot der Stunde, denn die Höhe des Seegangs ließ uns wenig Entscheidungsspielraum. Dann, um 20:00 Uhr, flaute der Wind schlagartig ab. Als hätte jemand die Windmaschine abgestellt. Um uns herum eine hohe durcheinanderlaufende und teilweise brechende See, darüber ein grauer unheilvoller Himmel. Wir waren offenbar mitten ins Auge des Sturmtiefs gelangt. Nicht nur Wirbelstürme haben ein Auge, auch normale Sturmtiefs können eines aufweisen – jedoch, ich hatte es in dieser prägnanten Form noch nie erlebt. Kurze Zeit später frischte der Wind wieder auf, und der damit einhergehende Winddreher bescherte uns wieder südliche Richtung, sodass wir wieder auf Kurs gehen konnten.

Als wir am 9. September die Ansteuerung in die Bucht von Reykjavík begannen, wehte es immer noch mit 35 bis 40 Knoten. Aber um die Mittagszeit hatten wir es geschafft. Auf der Pier standen schon Zoll und Immigration bereit, um uns einzuklarieren. Eine Routinehandlung, so als sei das nach einer solchen Passage das Natürlichste von der Welt. Und das ist es im Grunde genommen auch. Irgendwie holt einen der Alltag schnell wieder ein.
Tatsächlich lief diese Sturmfahrt – wie übrigens auch die vorangegangenen oder die, die später folgen sollten – immer den Umständen entsprechend ruhig ab. Neue Crewmitglieder – auch solche, die noch relativ unerfahren sind und ihren ersten Sturm erleben – schätzen das besonders. Es vermittelt ihnen Sicherheit. Ruhe und Besonnenheit in der Mannschaft sind Voraussetzung für das Bewältigen schwieriger Situationen. Ich glaube, keiner aus der Crew – mich eingeschlossen – würde sich als einen besonders mutigen Menschen bezeichnen. Wir sind vielleicht nicht ängstlich, aber entscheidend ist vielmehr, dass wir auf solche Situationen vorbereitet sind. Das ist das Handwerk! Und es ist zugleich Teamwork. Ich habe Segeln immer als Mannschaftssport verstanden, und darin liegt meiner Meinung nach auch der Schlüssel zum Erfolg. Ich muss mich, während ich in der Koje liege und schlafe, auf den anderen, der an Deck die Wache übernommen hat, bedingungslos verlassen können. Über diesbezügliche Schlafstörungen konnte ich mich noch nie beklagen.
Schiff und Besatzung gehen eine Symbiose ein. Das eine geht ohne das andere nicht. Und das erklärt letztlich auch die Treue eines Seefahrers zu seinem Schiff – in unserem Falle unsere tiefe Zuneigung zu der DAGMAR AAEN. Sie ist weit mehr als ein Vehikel: Sie ist eine gute Freundin von uns. Aber man kann über ein noch so gutes Schiff verfügen, wenn die Mannschaft unfähig ist, wird man trotzdem über kurz oder lang Schiffbruch erleiden. Eine gute Mannschaft kann hingegen selbst aus einem Seelenverkäufer noch die letzten Reserven herausholen.

Sauber aufgeschossenes Tauwerk gehört genauso zur guten Seemannschaft wie eine sorgfältige Navigation. Segelschiffe stellen ein komplexes Gebilde dar, in dem alles miteinander verzahnt ist.

In der DAGMAR AAEN finden wir als Crew unseren Gegenpart. Auf sie ist Verlass. Sie ist robust, absolut seetüchtig, gutmütig und ausdauernd. Damit es dabei bleibt, arbeiten freiwillige Helfer und natürlich die Werft unermüdlich an dem Schiff. Niemals in den 20 Jahren, die inzwischen seit meiner ersten, denkwürdigen Ausfahrt im November nach Helgoland vergangen sind, habe ich an der Verlässlichkeit und der Seetüchtigkeit dieses Schiffes gezweifelt. Eher sind wir an unsere Grenzen gekommen als das Schiff an die seinen. Und wenn ich mit den Eignern anderer Haikutter spreche, dann höre ich das Gleiche. Nie sind es überschwängliche, nie übertriebene Kommentare. Aber jeder ist überzeugt von seinem Schiff und äußert sich entsprechend respektvoll.
Es ist etwas, dessen sich eigentlich jeder Schiffseigner bewusst sein sollte.

ICESAIL

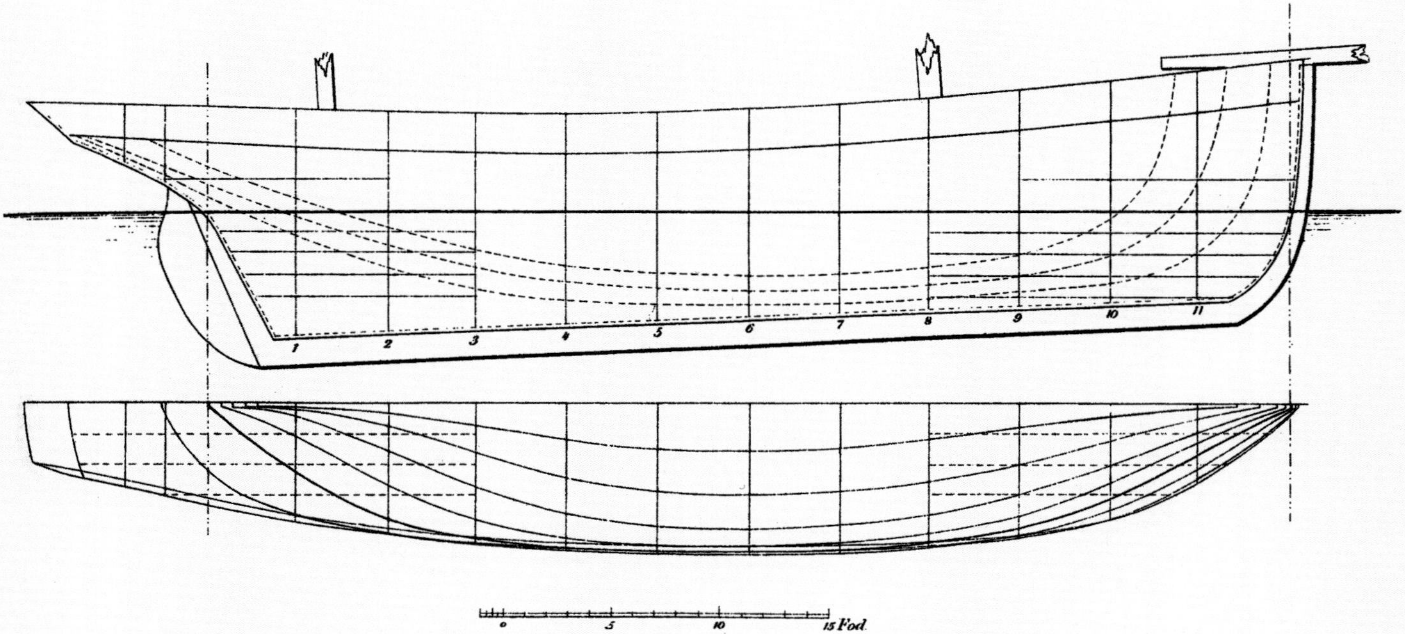

Fiske Yawl til Nordsöen

Benzon, Nykjöbing.

Længde	50 Fod
Bredde	13 . Tom.
Dybde	7 .

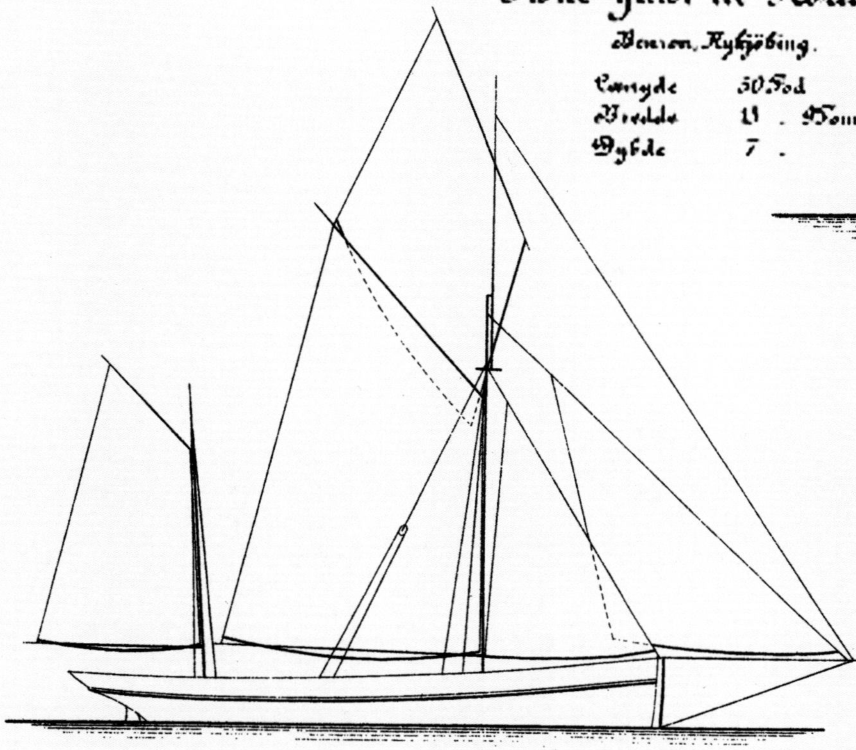

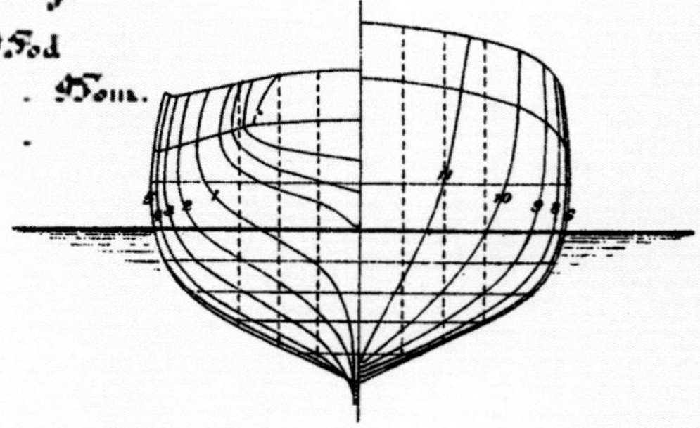

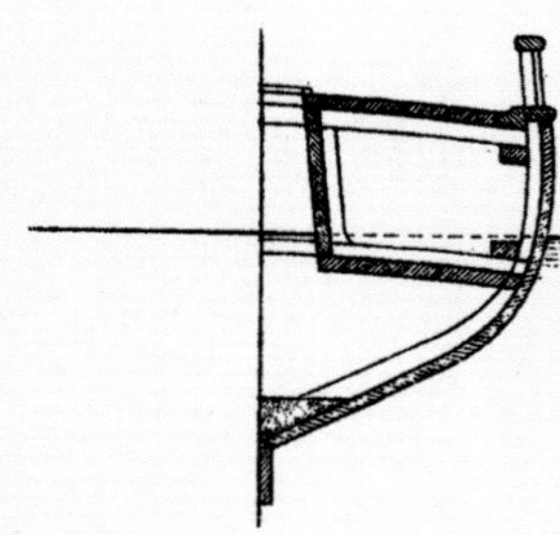

Der Haikutter

Der Begriff Haikutter findet seinen Ursprung keineswegs darin, dass dieser Kuttertyp auf den Haifang spezialisiert gewesen wäre, sondern erklärt sich vielmehr vor dem Hintergrund, dass der Schiffstyp als besonders effektiv galt. Hin und wieder mag mal ein Hai als Beifang ins Netz gegangen sein, aber das entsprach nicht der eigentlichen Bestimmung des Kutters. Die Haikutter verfügten neben ihrer Segelgarderobe meistens schon über Maschinen, waren damit wendiger, von Wind und Wetter unabhängiger und landeten damit die größeren Fänge an. Für jene Fischer, die noch auf älteren, weniger seetüchtigen und kleineren rein segelnden Kuttern ihrer Arbeit nachgingen, war dieser neue Kuttertyp wie ein gefräßiger Hai, der den anderen die Fische stahl. Der Begriff hatte also weniger mit einer bestimmten Rumpfform zu tun als vielmehr mit einer zunehmenden Mechanisierung der Fischerei. Da damals

Der Ursprung der Haikutter geht unverkennbar auf die englischen Fishing Smacks zurück. Der dänische Schiffbaumeister und Konstrukteur Benzon zeichnete die ersten Konstruktionspläne des neuen Typs etwa um 1885.

Ein dänischer Fischkutter mit Stützsegeln kommt bei grober See von einer Fangreise heim. Dieser einst so vertraute Anblick wird heute leider immer seltener.

Verdeckt durch Eisberge, segelt die Dagmar Aaen durch ein Labyrinth aus ineinander verschachtelten Eisfeldern. Eisnavigation will gelernt sein und sorgt für einen hohen Spannungspegel (vorhergehende Doppelseite).

aber fast alle größeren Kutter ein überhängendes, elliptisches Heck und einen geraden Steven aufwiesen, verfestigte sich im Sprachgebrauch der Name Haikutter für eben jenen Rumpftypus.
Da diese Rumpfform mit dem überhängenden Heck einem klassischen Segelschiffheck entspricht und auch die Linien aus der Segelschiffzeit nahezu unverändert übernommen worden sind, bildet der Haikutter bis zum heutigen Tag für Traditionsschiffliebhaber ein reizvolles Restaurationsobjekt. Pate hatten den dänischen Bootsbauern die englischen Smacks gestanden, die auch vor der jütländischen Küste fischten und dabei ein hohes Maß an Seetüchtigkeit bewiesen. Vermutlich fanden auch einige dieser Smacks dänische Eigner, die dann offenbar sehr genau die Vor- und Nachteile einer derartigen Konstruktion untersuchten.
Die englischen Segelschiffe, von denen es zum Glück ja auch heute noch einige hervorragend erhaltene Exemplare gibt, zeichneten sich durch sehr gute Segeleigenschaften aus, da sie scharf geschnitten waren, einen großen Tiefgang aufwiesen und auch bei Sturm gut beiliegen konnten. Sie hatten aber wenig Decksprung und fuhren durch die geringe Reserveverdrängung des Vorschiffs sehr nass. Die dänischen Bootsbauer modifizierten daraufhin ihre

Die Dagmar Aaen auf ihrer Jungfernfahrt 1931 – bereits mit Glühkopfmotor, reduzierter Besegelung und Ruderhaus. Man behielt damals noch den Segelrumpf bei, nutzte aber bereits Motoren. E 510 steht für Esbjerg, die Nummer ist die offizielle Fischereinummer.

Der Entrepreneur Mouritz Aaen und seine Frau Dagmar, nach der er das Schiff benannte.

Konstruktion. Der schlanke Längsschiffverlauf wurde zwar beibehalten, dafür ließen sie aber den Kuttern einen kräftigen Decksprung sowie ein völliges Vorschiff angedeihen. Dadurch wirkten die dänischen Kutter vielleicht nicht so schnittig wie die englischen Smacks, waren aber vermutlich die besseren Arbeitsschiffe, da sie trockener fuhren. Die Dänen hatten zu diesem Zeitpunkt nicht so eine ausgeprägte Schiffbautradition wie die Engländer und waren wohl eher bereit, Veränderungen und neue Ideen zu wagen, um ältere Konstruktionen weiterzuentwickeln. Dabei zollte man dem Umstand Rechnung, dass die jütländische Westküste den Stürmen voll ausgesetzt ist und die Ansteuerung der Häfen bei Sturm und steilen Seen nur von herausragenden Seeschiffen gemeistert werden konnte. Rumpf und Spanten waren aus massiver Eiche gefertigt, das Deck meist aus Nadelholz unterschiedlicher Qualität, die sich nach der Finanzkraft des Eigners richtete. Auch wenn es von Werft zu Werft geringfügige Unterschiede gab – der Haikutter wurde zu einer Art Standardfahrzeug für die dänische Fischerei und überzeugte über Jahrzehnte hinweg durch seine unglaubliche Robustheit und Seetüchtigkeit.

Eins darf dabei nicht vergessen werden: Zu dem Zeitpunkt, als die Dagmar Aaen in Dienst gestellt wurde, verfügten die Fischer über keine Wetterinformationen wie wir sie heute als Selbstverständlichkeit empfinden. Man nahm das Wetter, wie es kam, drehte bei Stürmen bei oder lief ab. Die Qualität des Kutters war demnach gleichzeitig eine Art Lebensversicherung, deshalb wurde in aller Regel auch sehr viel Augenmerk auf den Erhalt des Schiffes gelegt. Zudem wurden die Kutter von einer Generation zu nächsten vererbt – ein weiterer Ansporn, sie ständig zu überprüfen und zu pflegen. Man plante und investierte damals langfristig und nicht wie heute in vergleichsweise kurzen Zeiträumen.

In seinem seit langem vergriffenen Buch »Dagmar Aaen« beschreibt Niels Bach eine Episode über eine Durchkenterung eines Haikutters, die ich hier nochmals wiedergeben möchte:

»Die Tove war von der Doggerbank unterwegs in einem Südweststurm. Ein Orkan war im Anmarsch … Sie legten mithin den Kutter mit dem Steven vier Strich am Wind, das Großsegel wurde eingeholt, und Gaffel und Baum lagen auf Deck gezurrt. Mein Bruder stand mit einem der vier Besatzungsmitglieder im Ruderhaus. Kurz nach Mitternacht sah und hörte mein Bruder einen gewaltigen Brecher, der hoch getürmt auf den Kutter zuraste. […] Der Brecher wälzte den Kutter herum, sodass er kieloben lag, aber dank des guten, festen Ballasts im Schiffsboden richtete sich die Tove wieder auf und lag jetzt mit 25° Schlagseite.«

Der Kutter war durch die »Eskimorolle« damals schwer beschädigt worden, aber dennoch gelang es der Mannschaft, das Schiff wieder notdürftig herzurichten und unter eigener Kraft den Hafen von Esbjerg zu erreichen. Dabei sollen die Fischer sogar die Hilfe eines anderen Trawlers abgelehnt haben. Auch der Kutter Danmark war im selben Sturm durchgekentert und hatte aus eigener Kraft den Hafen erreicht. Und auch die Dagmar Aaen soll im Bereich der wegen ihrer steilen Grundseen berüchtigten Doggerbank einmal durchgekentert sein. Um es mit Niels Bachs Worten zu sagen: »*Selbst wenn man überlebte, soll die Freude an einem derartigen Erlebnis außerordentlich gering sein. Ein erfahrener, alter Esbjerger Fischkapitän […] sagte mir einmal: ›Von denen, die eine solche Durchkenterung mitgemacht haben, ist nachher die Hälfte nie mehr recht bei Troste.‹ «*

Auch wenn das Wissen darum, dass selbst eine Durchkenterung möglich und damit überlebbar ist, vielleicht

Die renommierte N. P. Jensen Werft in Esbjerg, auf der alle Kutter von Aaen gebaut wurden.

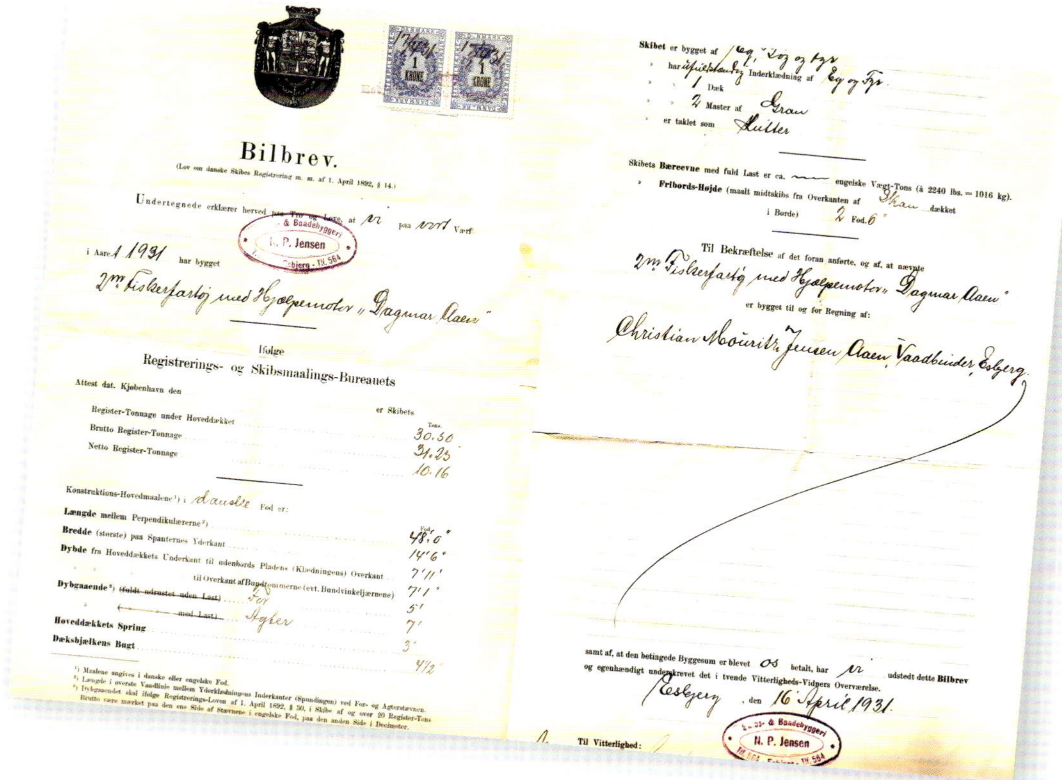

Bilbrev.

(Lov om danske Skibes Registrering m. m. af 1. April 1892, § 14.)

Undertegnede erklærer herved paa Tro og Love, at vi paa vort Værf

i Aaret 1931 har bygget

2m. Fiskerfartøj med Hjælpemotor „Dagmar Aaen“

Ifølge

Registrerings- og Skibsmaalings-Bureauets

Attest dat. Kjøbenhavn den

er Skibets

	Tons
Register-Tonnage under Hoveddækket	30.50
Brutto Register-Tonnage	31.25
Netto Register-Tonnage	10.16

Konstruktions-Hovedmaalene[1] i danske Fod er:

	Fod
Længde mellem Perpendikulærerne[2]	48'0"
Bredde (største) paa Spanternes Yderkant	14'6"
Dybde fra Hoveddækkets Underkant til udenbords Pladens (Klædningens) Overkant	7'11"
til Overkant af Bundstokkerne (evt. Bundvinkeljærnene)	7'1"
Dybgaaende[3] ~~(fuldt udrustet uden Last)~~ For	5'
~~med Last)~~ Agter	7'
Hoveddækkets Spring	3'
Dæksbjælkens Bugt	4½"

[1] Maalene angives i danske eller engelske Fod.
[2] Længde i øverste Vandlinie mellem Yderklædningens Inderkanter (Spundingen) ved For- og Agterstævnen.
[3] Dybgaaendet skal ifølge Registrerings-Loven af 1. April 1892, § 30, i Skibe af og over 20 Register-Tons Brutto være mærket paa den ene Side af Stævnene i engelske Fod, paa den anden Side i Decimeter.

Skibet er bygget af Eg, Bøg og Fyr
» har Inderklædning af Eg og Fyr
» » 1 Dæk
» » 2 Master af Gran
» er taklet som Kutter

Skibets Bæreevne med fuld Last er ca. — engelske Vægt-Tons (à 2240 lbs. = 1016 kg).
» Fribords-Højde (maalt midtskibs fra Overkanten af Skan dækket i Borde) 2 Fod 6"

Til Bekræftelse af det foran anførte, og af, at nævnte
2m. Fiskerfartøj med Hjælpemotor „Dagmar Aaen“
er bygget til og for Regning af:
Christian Mouritz Jensen Aaen, Vaadbinder, Esbjerg.

samt af, at den betingede Byggesum er blevet os betalt, har vi udstedt dette Bilbrev og egenhændigt underskrevet det i tvende Vitterligheds-Vidners Overværelse.

Esbjerg, den 16 April 1931.

Til Vitterlighed:

N. P. Jensen

Die Bauurkunde (Bilbrev) der Dagmar Aaen *wurde am 16. April 1931 ausgestellt. Dieses Datum gilt als der offizielle Geburtstag des Schiffes.*

in gewisser Hinsicht beruhigend wirken mag – ernsthaft erleben möchte es wohl keiner.

Die Dagmar Aaen war der dritte Kutter in Folge, den Mouritz Aaen 1931 in Auftrag gab. Gebaut wurden alle seine Kutter auf der N. P. Jensen Werft in Esbjerg, die als eine der renommiertesten und besten Werften galt. Die Werft war von dem Schiffbaumeister N. P. Jensen 1914 gegründet worden, und in den folgenden 64 Jahren liefen durchschnittlich zwei Nordseekutter pro Jahr vom Stapel. Erst 1978 wurde der Betrieb geschlossen. Da Mouritz ein erfolgreicher Unternehmer war, verfügte er über das nötige Kleingeld, um sich ausgesuchte und qualitativ hochwertige Materialien zu leisten. An seinen Kuttern wurde niemals gespart. Mouritz Aaen persönlich wachte über den Bau und die Wartung seiner Kutterflotte, diskutierte mit den Bootsbauern anhand von Halbmodellen Spantformen und ahndete jede noch so kleine Schlamperei oder Nachlässigkeit mit unvergleichlichen Wutausbrüchen. In gewisser Weise war Mouritz Aaen wohl seelenverwandt mit dem deutschen Segelschiffreeder Ferdinand Laeisz, der in die Dienstanweisungen seiner Kapitäne geschrieben hatte: *»Meine Schiffe können und sollen schnelle Reisen machen …«* Damit drückte er aus, dass seine Flotte, was Seetüchtigkeit und die Qualität der Ausrüstung betraf, über jeden Zweifel erhaben war. Jetzt kam es auf die Besatzung an, mit dem anvertrauten Schiff das Beste daraus zu machen. Ähnlich verhielt sich Mouritz Aaen. Er übergab seinen Besatzungen einen optimal gewarteten und ausgerüsteten Kutter – und erwartete im Gegenzug, dass

Eine Ehrenurkunde zum Bau des hundertsten Kutters der N. P. Jensen Werft. Die Liste enthält die Namen aller Neubauten, die im Laufe der Jahre auf der Werft entstanden sind. Auch die Aaen-Kutter sind darin enthalten. Später wurde die Werft durch ein Feuer leider vollständig zerstört.

jeder aus der Mannschaft ein Höchstmaß an Einsatz und Arbeitswillen an den Tag legte. War dieses Verhältnis in der Balance, zeigte er sich als ein gutmütiger Patriarch, der sich um die Belange seiner Mannschaften kümmerte. Spielte einer nicht mit, so hatte er ein für alle Mal verspielt. Eine zweite Chance räumte er dem Betreffenden nicht ein.

Am 16. April 1931 wurde die Bauurkunde der Dagmar Aaen ausgestellt, was als Übergabetermin und als Geburtsstunde des Kutters verstanden wird. Am 20. April erfolgte die Schiffsbesichtigung und Abnahme durch das Statens Skibstilsyn, sozusagen den dänischen Schiffs-TÜV. Die Dagmar Aaen verfügte von Anfang an über einen Motor, einen Einzylinder Glühkopfdiesel der Marke Lysekil mit circa 60 PS. Zudem besaß sie ein Ruderhaus sowie eine kleine Ketschtakelung, die einerseits dazu diente, die Rollbewegungen des Kutters zu dämpfen, andererseits auch als Back-up gedacht war: Damals waren die Schiffsantriebe noch nicht so zuverlässig, als dass man auf die Möglichkeit, Segel einzusetzen, gänzlich verzichten wollte. Größenmäßig liegt die Dagmar Aaen – wie Niels Bach schreibt – in der oberen Mitte der damaligen Kutter; im Laufe der vorangegangenen Jahre hatte eine Konzentration auf diesen Ton-

Die DAGMAR AAEN *E 510 liegt in der Glanzzeit der Esbjerger Fischerei zusammen mit anderen Kuttern zur Überholung an Land aufgeslippt.*

nagebereich stattgefunden. Das Ruderhaus stand auf dem sogenannten Ruff, dem Maschinenraumaufbau, worunter sich wiederum der Maschinenraum befand. Mittschiff, durch wasserdichte Schotten abgetrennt, war der Fischraum, der über Eisdeckel im Deck befüllt wurde. Das Eis wurde zur Konservierung der Fische benötigt und mühsam per Hand in den Fischraum geschaufelt. Im Vorschiff befand sich das Logis mit Pantry und vier Kojen. Diese Anordnung war auf allen dänischen Kuttern gleich. Die Navigationsausrüstung bestand aus dem Kompass, Seekarten, Parallellineal, Zirkel, zwei Wachuhren und einem Handlot. Das war's! Funkgeräte, Seenotsignale oder Navigationshilfen gab es für die Kutter damals nicht. Auch aus diesem Grund wurde so viel Wert auf die Seetüchtigkeit der Kutter gelegt. Die Nordsee vergibt keine Nachlässigkeiten, stets waren es die schwachen und schlecht gewarteten Kutter, die nach einem schweren Sturm auf See blieben. Die bisweilen heftigen Stürme generieren eine steile und hohe, teilweise brechende See, der die Kutter gewachsen sein mussten. Wie Niels Bach schreibt: »*Allein im Oktober 1936 sind 40 Esbjerger Fischer mit ihren Kuttern auf See geblieben. Durch die Stürme fand eine unerbittliche Sortierung statt: Es waren die alten, schwachen Fahrzeuge, die nicht mehr den Hafen erreichten. Die Aaen-Kutter gehörten kraft ihrer hohen, baulichen Qualität, ihres geringen Alters*

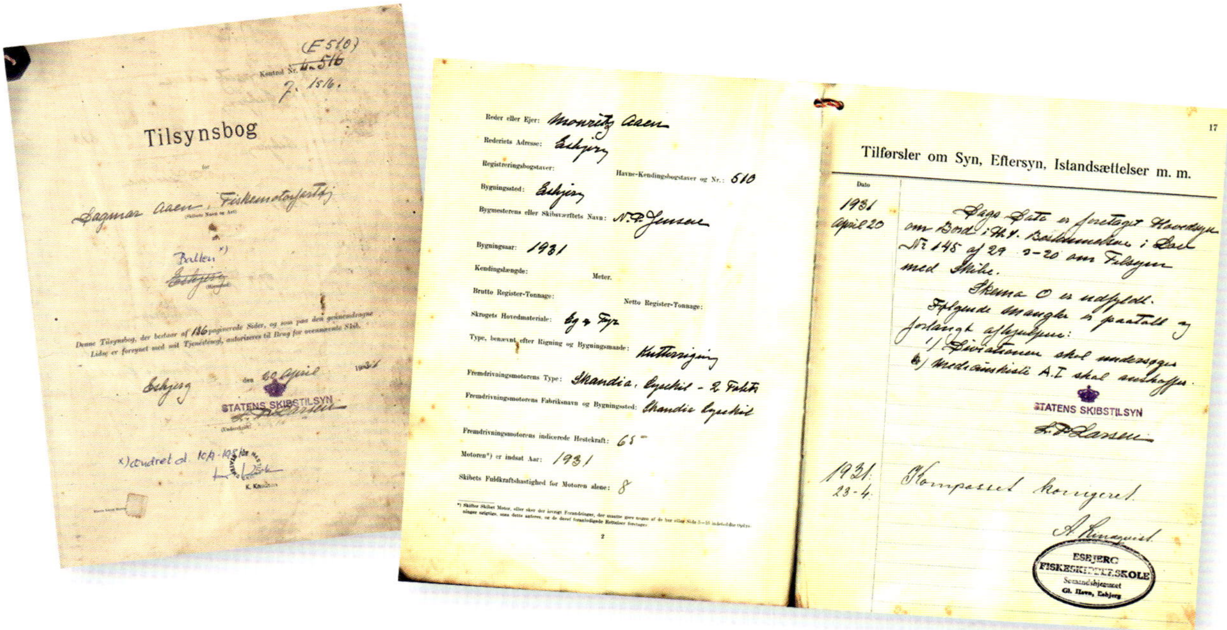

Das Tilsynsbog begleitet ein Schiff sein Leben lang. Darin sind alle wichtigen Vorkommnisse wie Abnahmen der Behörden, Verkauf, Reparaturen etc. festgehalten. Das Buch dokumentiert vom ersten Tag an den Werdegang der Dagmar Aaen und wird natürlich auch von mir weitergeführt.

und der makellosen Instandhaltung zu den Elite-Kuttern.« Das Tilsynsbog, sozusagen das Checkheft der Dagmar Aaen, gibt Auskunft über die sorgfältige Instandhaltung. Bis zu dreimal pro Jahr wurde sie geslippt und neu gemalt. 1937, 1943 und 1955 wurde das Deck neu verlegt. 1942 erhielt sie einen neuen Motor der Marke Tuxham mit 75 PS. Dieser Motor hat sogar noch seinen Dienst versehen, als ich das Schiff 1988 von Niels Bach übernommen habe. Die Entstehungsgeschichte der Haikutter finde ich deshalb wichtig und interessant, da sie vor Augen führt, wie viel empirische Werte und Know-how in den Bau dieser Kutter geflossen sind. Es sind keine sterilen und ausgereizten Risse vom Reißbrett, sondern gelebte Konstruktionen. Es waren die Schicksale und die Erfahrungen unzähliger Fischer und Bootsbauer, die in die Entwicklung einflossen. Nichts wurde dem Zufall überlassen – das wäre viel zu gefährlich und existenzbedrohend gewesen. Und wenn man sich einmal in dänischen Fischereihäfen die wenn auch stark geschrumpften Bestände an Holzkuttern anschaut, so muss man dennoch konstatieren, dass sie nach wie vor zuverlässig sommers wie winters ihren Dienst versehen. Umso trauriger stimmt es einen, wenn man erkennen muss, dass der Rückgang der Einheiten nicht auf ihren baulichen Zustand zurückzuführen, sondern durch ein politisch unseliges und ökologisch wie ökonomisch höchst bedenkliches Regelwerk auf EU-Ebene herbeigeführt worden ist. Doch dazu später mehr.

Die Historie der dänischen Fischkutter und die Umstände, unter denen die Dagmar Aaen entstanden ist, hatten mich Ende der 1980er-Jahre zusammen mit einigen Gleichgesinnten bewogen, nach genau so einem Schiff Ausschau zu halten. Zugegeben, mein Herz schlug schon immer für diese robusten Holzschiffe. Aber als ich ein Schiff für meine geplanten Polarexpeditionen suchte, durfte ich mich eben gerade nicht von nostalgischen oder emotionalen Empfindungen lenken lassen. Ich brauchte ein ungeheuer robustes, seetüchtiges, eisgängiges und gutmütiges Schiff. Auf Schnelligkeit und Wendigkeit, auf optimale Am-Wind-Segeleigenschaften wollte ich gerne verzichten.

Wir hatten uns in England Schiffe angeschaut, in Holland und natürlich in deutschen Häfen. Es war nichts Geeignetes dabei. Doch als ich die Dagmar Aaen das erste Mal in Flensburg in Augenschein nahm, wusste ich intuitiv, dass ich genau das gefunden hatte, was ich suchte – auch wenn es noch ein langer Weg war bis zu dem Schiff, das mir damals vor meinem geistigen Auge schwebte.

Die Hoffnungen und Erwartungen aber, die ich in das Schiff gesteckt habe, hat es in den zurückliegenden 20 Jahren mehr als erfüllt. Die Haikutter sind – wenn sie gut gewartet werden – wirklich so gut wie ihr Ruf.

Unten der als Ketsch getakelte Haikutter Saron E2 mit voller Segelgarderobe beim Auslaufen aus dem Esbjerger Hafen. So sahen die Schiffe vor Einführung der Motoren aus. Oben ein Haikutter wie er heute noch gelegentlich in der Fischerei anzutreffen ist. Leider wird ihre Zahl immer geringer, da immer mehr Kutter abgewrackt werden.

Ein neuer Anfang

Unsere erste Fahrt mit der DAGMAR AAEN in eigener Regie und ohne Niels' fachkundige Führung fand am 5. November 1988 statt. Es war ein typischer Novembertag, grau und nasskalt. Niels hatte das Schiff im Vorhafen von Glückstadt angelegt und uns übergeben, danach war er von Bord gegangen. Ich hatte noch niemals zuvor ein Schiff dieser Größe bewegt oder verantwortlich geführt. Es sollte also in jeder Hinsicht eine Premiere werden.

Am frühen Nachmittag kenterte die Tide. Rainer startete den Tuxham, während ich mich immer noch seelisch darauf einstellte, das Ablegemanöver vorzubereiten und das Schiff mit dem Ebbstrom aus dem Hafen zu steuern. Um 14:30 Uhr warfen wir los, das dumpfe »Wumm, Wumm, Wumm« des Glühkopfmotors, das sich anhörte, als würde jemand mit der Faust auf ein leeres Ölfass schlagen, ließ einige Passanten stehen bleiben und schauen, dann waren wir durch die Hafeneinfahrt und fädelten uns ins Fahrwasser ein. Unser erstes Ziel: Helgoland!

Es mag vielleicht verwunderlich erscheinen, dass wir uns für die erste Ausfahrt ausgerechnet einen tristen Novembertag und als Ziel gleich das relativ ferne

Abbrucharbeiten auf der Peterswerft in Wewelsfleth. Bisweilen stand ich deprimiert vor den Schrottbergen und fragte mich, ob das jemals zu einem guten Ende kommen würde.

Der deutsche Kapitän und Eismeerfahrer Karl Koldewey entdeckte diesen Fjord an der grönländischen Ostküste. Den Berg links im Bild nannte er Teufelsschloss (vorhergehende Doppelseite).

Helgoland ausgesucht hatten, aber wir hatten schließlich voller Stolz einen Nordseekutter erworben, der bei nahezu jedem Wind und Wetter draußen bleiben konnte – das war zumindest unsere Einstellung. Helgoland erschien uns deshalb als erster Törn gerade gut genug. Eng an den Tonnenstrich geschmiegt, tuckerten wir bei Dunkelheit an Cuxhaven vorbei, erreichten bei frischem Westwind die Elbmündung und erlebten in einer Art Intensivkurs, wie wunderbar ein Nordseekutter in der kurzen steilen See rollen und stampfen kann. Die ersten seekranken Crewmitglieder zogen sich unter Deck zurück. Ich blieb die ganze Zeit im Ruderhaus, stolz wie ein Pascha und zugleich ein wenig erschrocken über die eigene Tollkühnheit, die mich mit einem für mich weitgehend unbekannten Schiff mitten in der Nacht Helgoland anlaufen ließ. Um 3:00 Uhr nachts tauchte vor uns die Hafenmole auf, wenig später gelang uns ein ganz passables Anlegemanöver. Wir waren müde und irgendwie erschöpft, aber rundherum zufrieden. Die DAGMAR AAEN hatte unsere Unerfahrenheit gutmütig toleriert und uns zudem Selbstvertrauen vermittelt.

Für den nächsten Tag waren erste Segelmanöver angesagt. Bei 4 bis 5 Windstärken mühten wir uns auf dem schlingernden Deck mit dem schweren Geschirr ab, segelten mehr schlecht als recht mal auf dem einen Bug, mal auf dem anderen. Das Schiff war stark luvgierig und ließ sich unter Segeln nur widerwillig auf Kurs halten. So kooperativ ihr Verhalten auf der Anreise nach Helgoland war, so bockig und widerspenstig zeigte sie sich jetzt. Frustriert und ernüchtert schlichen wir abends wieder in den Helgoländer Hafen und tranken wortkarg bei leichtem

Das Deckshaus wird demontiert. Es steht heute im Flensburger Hafen als Fahrkartenhäuschen.

Anschließend der Blick über das leer geräumte Deck.

Schneetreiben einen Grog an Deck. »Da werden wir doch einiges umbauen müssen«, war unsere einhellige Meinung.
Früh um 5:00 Uhr am nächsten Morgen fuhren wir unter Maschine wieder zurück Richtung Elbe. Da man uns in Glückstadt nicht länger dulden wollte, hatten wir ein anderes Arrangement getroffen: Unser nächster Liegeplatz sollte Wewelsfleth an der Stör sein. Dort liegt die Peterswerft – wie sie seinerzeit hieß – bei der mit Helmut Breuer ein Mann am Ruder stand, der ein Herz für uns Schiffsnarren hatte und uns einen Liegeplatz für die anstehenden Umbauten anbot. Begleitet von einem Zollkreuzer, der uns schon auf der Elbe aufgebracht hatte, weil wir in unserer Unwissenheit gegen die Einfuhrbestimmungen verstoßen hatten, machten wir um 16:30 Uhr erstmals in Wewelsfleth fest. Was folgte, war kein vergnüglicher Abschluss der ersten mehr oder weniger erfolgreichen Probefahrt, sondern die Auseinandersetzung mit den Zollbeamten, die uns Steuerhinterziehung und andere Kapitalverbrechen zur Last legten. Das Schiff wurde umgehend beschlagnahmt, strafrechtliche Konsequenzen wurden uns angedroht, harte Worte gesprochen – doch keiner der Beamten hatte auch nur mit einer einzigen Silbe unser prachtvolles Schiff gelobt. Ignoranten allesamt! Stattdessen waren wir plötzlich Straftäter,

Die DAGMAR AAEN bei der Erprobung auf der Elbe nach dem ersten von uns in Eigenleistung auf der Peterswerft in Wewelsfleth durchgeführten Umbau.

das Schiff Zollgut und überhaupt schien die erste Reise auch zugleich die letzte zu sein.
Tage später klärte sich die Angelegenheit auf dem Hauptzollamt Hamburg auf, die Dagmar Aaen wurde wieder freigegeben und kurz darauf als Seeschiff neu vermessen. Den dänischen Messbrief ließ man nicht gelten, als ob die alten Dänen keinen Zollstock handhaben konnten. Endlich durften wir unser Schiff wieder betreten und mit den umfangreichen Umbaumaßnahmen beginnen. Wenig später wurde die Dagmar Aaen beim Amtsgericht ins Seeschiffregister mit der Registrierungsnummer SSR 1897 eingetragen. Der Zwischenfall mit dem Zoll hatte uns die Unnachgiebigkeit deutscher Behörden vor Augen geführt. Die viel gerühmte Freiheit der Meere war den Ordnungshütern offenbar ein Dorn im Auge. Um weiteren Nachstellungen zu entgehen, würden wir uns fortan darauf einstellen müssen, voller Demut den behördlichen Auflagen Folge zu leisten. Doch zunächst begannen wir damit, das Schiff nach allen Regeln der Kunst in seine Bestandteile zu zerlegen.
Das Ruderhaus würde sich beim Segeln nur störend auswirken, also weg damit! Die Vorstellung, bei Regen und Sturm fortan ungeschützt an Deck stehen zu müssen, schreckte uns nicht. Der etwas provisorisch wirkende Innenausbau im Mittschiff wurde ebenfalls mit Äxten und Sägen entfernt – an Deck türmte sich ein stetig wachsender Berg von alten Leitungen, Holzverkleidungen und altertümlichen Aggregaten. Die große Deckswinde verschwand ebenso wie der gesamte Betonballast, den wir mittels Boschhammer mühselig zwischen den Spanten herausmeißelten. Der ehemalige Fischraum war bald

Während der großen Umbaumaßnahme auf der Werft von Christian Jonsson muss auch der alte Tuxham-Motor weichen. Er steht heute restauriert als Exponat im Esbjerger Fischereimuseum.

Der neue Callesen-Motor stammte aus einem abgewrackten Kutter. Der Motor wurde im Werk in Apenrade komplett zerlegt und grundüberholt. Danach war er wie neu. Die Daten: 3-Zylinder-4-Takt-Motor mit 180 PS. Max. Drehzahl 500 U/min, Gewicht ca. 7 Tonnen. Unten: Der Motor beim Probelauf auf dem Prüfstand.

so leer und schier, wie er es zuletzt beim Stapellauf gewesen sein mag. Der Grund für die selbst auferlegte Mühsal: Wir wollten wissen, in welchem Zustand sich die Spanten und Planken unter dem Beton befanden. Das Ergebnis überraschte uns: Es gab keinen einzigen Spant, keine einzige Planke, die auch nur ansatzweise Zeichen von Rott oder Zersetzung aufwies. Das Eichenholz war schwarz und hart wie Metall. Erst jetzt konnten wir sehen, wie eng der Spantenabstand gewählt worden war. Die alten Esbjerger Schiffbauer hatten ganze Arbeit geleistet. Zur Sicherheit ließen wir das Holz von einem Fachmann untersuchen, konservierten es und kippten dann schließlich den gesamten Bodenbereich wieder mit Beton aus. Empfehlungen, den Ballast lose zwischen den Spanten zu fahren, um später besser kontrollieren zu können, hatten wir nach Konsultationen mit Niels und dänischen Bootsbauern schnell verworfen. Beton konserviert das Eichenholz, zudem gibt er dem Rumpf eine enorme Festigkeit, was bei den geplanten Eisfahrten für uns von großer Bedeutung war. Beton kann man nicht komprimieren. Eine Planke kann – sofern kein Beton dahinter liegt – durchaus vom Eis eingedrückt werden. Beton gibt dem Schiff also zusätzliche Festigkeit. Wie richtig diese Überlegung war, sollten wir später noch zur Genüge erfahren.

Egon Fogtmann, der frühere Werkmeister bei Callesen, beim Ziehen einer Zylinderlaufbuchse.

Chaos während der ersten Umbauphase: Eine Gratwanderung zwischen Begeisterung und Verzweiflung.

In jeder freien Minute waren wir auf dem Schiff am Arbeiten, wobei wir durch die Werft immer wieder Unterstützung erfuhren. Mal stand ein großer Farbeimer auf dem Steg, ein anderes Mal fragte der Meister der Lehrlingswerkstatt nach, ob wir nicht zufällig neue Brennstofftanks bräuchten … Als ob er es gewusst hätte! Die Tanks waren im Laufe der Jahre rostig und dünnwandig geworden und mussten dringend durch neue ersetzt werden. Wenige Woche später standen fünf nagelneue Stahltanks auf der Pier, die nur noch von uns gegen die alten ausgetauscht werden mussten. Wir erledigten alle Arbeiten in Eigenleistung, so gut wir es eben vermochten. Dass der gute Wille allein oftmals nicht reicht, sollte unsere erste Reise nach der Umbauphase zeigen. An Kleinmut litten wir in dieser Phase jedenfalls nicht, denn unser nächstes Reiseziel sollten – wenn schon, denn schon – die Azoren sein. Voller Enthusiasmus fuhren wir los, bis kurz vor Cuxhaven plötzlich der Motor eigenartige Geräusche machte und wenig später stehen blieb. Erneute Startversuche waren erfolglos – der Motor war offensichtlich schwer krank! Wer die Strömungsverhältnisse bei Cuxhaven kennt, weiß um das Risiko, beim Einlaufen gegen einen der Molenköpfe gedrückt zu werden. Aber wundersamerweise ging alles gut. An unserem Können lag das wohl kaum. Nur unter Segeln fuhren wir in den alten Fischereihafen von Cuxhaven ein, kurz vor Erreichen der Pier warfen wir die Vorsegelschoten los, einer sprang an Land, Leinen wurden übergeben – wir waren fest. Die Passanten staunten nicht schlecht. Das Manöver hatte so professionell und selbstverständlich gewirkt, als ob wir das hundertmal zuvor geprobt hatten. Dabei war es nur reines Glück, dass nichts passiert war.
Eine Inspektion des Motors ergab, dass das Pleuellager gefressen hatte. Da half alles nichts, wir mussten wieder zurück nach Wewelsfleth. Gesagt, getan – am nächsten Morgen wurde unter Segeln abgelegt, die Hafeneinfahrt ein zweites Mal überwunden und dann segelten wir bis zur Störmündung, wo uns der Werftschlepper PRIMUS bereits erwartete und uns

Mit einem Presslufthammer stemme ich den alten Betonballast aus dem Schiffsrumpf. Wir haben den Rumpf komplett leer geräumt, um Spanten und Planken untersuchen zu können. Nach fast 60 Jahren befand sich alles in einem ausgezeichneten Zustand. Anschließend füllten wir erneut Beton ein.

zurück an den Liegeplatz schleppte. Helmut Breuer persönlich stand im Nadelstreifenanzug auf dem Steg und nahm die Festmacherleinen in Empfang. Das frühe Ende unserer Azorenreise schien in Sicht. Aber so schnell gaben wir uns nicht geschlagen. Über Niels erfuhren wir, dass es noch eine Stelle gab, die den Nachlass des längst in Konkurs gegangenen Motorenherstellers übernommen hatte. Noch am selben Abend saß ich in meinem Auto und fuhr in das dänische Hundestedt, um die Ersatzteile und dringend benötigten Spezialwerkzeuge abzuholen. Tags darauf war ich wieder auf der Werft. Der Motor wurde in seine Bestandteile zerlegt. Mit jedem voranschreitenden Zerlegungsversuch und jedem zutage geförderten Einzelteil glich der Kommentar der gelegentlich vorbeischauenden Werftarbeiter immer mehr einer Grabesrede. Aber Rainer und ich kamen schließlich vom Fach. Neue Lagerschalen wurden angepasst, immer wieder gebläut und eingeschabt, bis die Auflagefläche stimmte. Vom Kurbelzapfen wurden mittels eines urigen Spezialwerkzeuges die Riefen und Unebenheiten abgedreht und anschließend alles wieder montiert. Und siehe da: Beim ersten Startversuch lief der Motor! Wenn es unter den Werftarbeitern bis zu diesem Zeitpunkt noch Skeptiker gegeben hatte – spätestens jetzt hatten wir auch den Letzten überzeugt und auf unserer Seite. Mit einwöchiger Verspätung liefen wir am 15. August abermals aus, und dieses Mal hielt der Motor durch. Zwar sollte auch diese Reise nicht die Azoren erreichen, aber doch immerhin Porto. Die Fahrt, an der

Die Eishaut aus Aluminium schützt das Holz vor dem scharfkantigen Eis. Gelegentlich muss sie erneuert werden. Dabei werden gleichzeitig einige Planken ausgetauscht, die im Laufe der Jahre Verschleißspuren zeigen. Zwischen Holz und Aluminium liegt eine Schicht aus Teerfilz.

Das Einsetzen der neuen Planken erfordert Kraft, Geschick und Augenmaß. Anschließend wird der Rumpf kalfatet, also die Fugen zwischen den Planken mit Werg und Teer versiegelt. Das gleichmäßige Schlagen des Kalfathammers ist tagelang zu hören.

Auf der Backbordseite ist die neue Eishaut bereits angenagelt, auf der anderen Seite wird noch gearbeitet. Gleichzeitig sind alle Relingstützen sowie das Schanzkleid erneuert worden (folgende Doppelseite).

Christian Jonsson führt 1990 sämtliche Umbaumaßnahmen durch. Seit diesen Tagen ist die **DAGMAR AAEN** *regelmäßig zur Wartung und Reparatur auf seiner Werft in Egernsund.*

ich selbst nur bis Brest teilnehmen konnte, da ich mich auf die bevorstehende Skidurchquerung der Antarktis unter Einbeziehung des Südpols vorbereiten musste, war geprägt von immer neuen technischen Defekten, die zwar alle irgendwie mit Bordmitteln behoben werden konnten, die aber zugleich deutlich machten, dass Enthusiasmus und ein Heer von freiwilligen Helfern keinen gelernten Bootsbauer ersetzen können.

Am 7. Oktober lag das Schiff wieder an seinem alten Liegeplatz in Wewelsfleth. Während ich in der Antarktis durch den Schnee stapfte, ruhte das Schiff still und harrte der weiteren Entwicklungen. In den 92 Tagen, die die Durchquerung des antarktischen Kontinents dauerte, hatte ich viel Zeit nachzudenken – in meinem Kopf entstanden die kompletten Umbaupläne für die DAGMAR AAEN. Kaum war ich im Frühjahr 1990 wieder in Deutschland, stürzte ich mich sogleich in die Arbeit, holte Angebote ein, sprach mit Sponsoren und vergab den Auftrag schließlich an zwei dänische Bootsbauer in Egernsund, die sich gerade selbstständig gemacht hatten und die DAGMAR AAEN schon von Niels her kannten. Am 26. Juni fuhren wir von Wewelsfleth durch den Kanal nach Egernsund. Als wir den Tuxham dort abstellten, sollte es das letzte Mal gewesen sein, dass wir sein vertrautes Geräusch hörten. Obwohl er nach der Grundüberholung tadellos lief, war er für unsere Zwecke und die bevorstehenden Aufgaben einfach zu schwach und zu alt. Das Fischereimuseum in Esbjerg schien der richtige Ort für eine solche Rarität zu sein; ich verschenkte den Motor an das Museum, wo er heute noch zu sehen ist.

In der Zwischenzeit hatte Niels, der sich nach wie vor verantwortlich für »sein« Schiff fühlte und vielleicht auch etwas Mitleid mit uns hatte, in Form eines gebrauchten Dreizylinder-Callesen-Motors, eines gediegenen Langsamläufers mit 180 PS, Ersatz gefunden. Per Tieflader wurde der Motor nach Apenrade transportiert, um dort bei der Herstellerfirma grundüberholt zu werden. Währenddessen machten sich Christian Jonsson und seine Leute daran, das Schiff zu zerlegen. Bootsbauer kennen keine Animositäten und schon gar kein Mitleid mit Schiffseignern. Was folgte, war der umfassendste Umbau, den das Schiff in seiner gesamten Geschichte bislang erlebt hatte. Außer dem Rumpf blieb so gut wie nichts erhalten. In mühevoller Arbeit wurden die alten Schiffsnägel, mit denen die Planken auf den Spanten befestigt waren, gezogen und durch neue, größere ersetzt. Danach wurde der Rumpf komplett kalfatet, mit Teerfilz überzogen und schließlich mit Aluminiumplatten als Schutz gegen das Eis verkleidet. Daraufhin wurde das Deck abgerissen, der alte Motor gegen den neuen und mittlerweile überholten gewechselt. Die Ruderanlage, Elektrik, Lenz- und Sanitärleitungen wurden erneuert und den gestiegenen Erfordernissen angepasst, der Innenausbau wurde bis auf die ehrwürdige Vorschiffkajüte komplett demontiert und durch einen neuen Entwurf ersetzt sowie von dem Bootsbaumeister Detlev Löll das neue Rigg entworfen und erstellt. Endlich wurde das neue Deck gelegt, wurden neue Skylights und Niedergänge montiert, der Mast gestellt und Berge an Ausrüstung herangeschleppt. Während der abschließenden Werftprobefahrt war nicht nur Christian mit an Bord, sondern auch Egon Fogtmann, der Werkmeister des Motorenherstellers Callesen, der unser Vorhaben anfangs mit größter Skepsis und sehr distanziert betrachtet hatte. »Ob die wohl auch die Rechnungen bezahlen können?«, war seine große Sorge. Wir konnten, und mit dem Essen kommt bekanntlich der Appetit! Die anfängliche Skepsis wich einem zunehmenden Interesse. Egon sorgte dafür, dass der Motor wie ein Uhrwerk lief. Sein gesamtes Berufsleben, von der Lehre an, hatte er bei Callesen gearbeitet, und es war unübersehbar, dass sein ganzer Stolz den dort produzierten Motoren galt. An »seinem« Motor sollte es jedenfalls nicht liegen, wenn uns auf der Arktisreise etwas zustoßen

Ein Blick ins Vorschiff. Neben den bestehenden Eichenspanten werden zusätzliche Spanten eingezogen. Das Vorschiff besteht jetzt fast aus massiver Eiche. Nimmt man die Außen- und Innenbeplankung sowie die Spanten zusammen, kommt man auf eine Bordwandstärke von 25 Zentimetern.

sollte. Je mehr er von unseren geplanten Reisen hörte, desto größer wurde seine Begeisterung, und ohne es sich so richtig einzugestehen, wäre Egon bereits damals am liebsten mitgefahren. Eine Idee, die er später wieder und wieder umsetzte.

Tatsächlich wurde der Umbau begleitet von einer ständig nachwachsenden Lawine an Rechnungen, die sich bei mir auf dem Schreibtisch ansammelten und bezahlt werden wollten. Unser ursprüngliches Eignerkonstrukt war mit dieser Entwicklung überfordert. Ich plante ehrgeizige Expeditionsprojekte mit dem Schiff, stand bei Sponsoren im Wort, steckte jeden verfügbaren Pfennig in das Projekt und verschuldete mich entsprechend. Natürlich konnte ich nicht erwarten, dass die Miteigner einen vergleichbaren finanziellen und organisatorischen Aufwand

Falk Mahnke und Christian Jonsson wuchten mit Kettenzügen die Schraubenwelle ins Stevenrohr. Allein die Welle wiegt etwa 600 Kilogramm. Bei dem Propeller handelt es sich um einen Verstellpropeller, der das Manövrieren unter Maschine sehr erleichtert.

betrieben wie ich. Zudem brauchte ich die volle Verfügungsgewalt über das Schiff. Also mussten wir die Eignergemeinschaft auflösen. Ich übernahm in den folgenden Jahren nach und nach die Anteile der anderen Miteigner, was eine zusätzliche Belastung bedeutete. Damit wechselte die DAGMAR AAEN sozusagen in den Familienbesitz über.
Am 20. Dezember legten wir mit der DAGMAR AAEN erstmals in Flensburg an. Zwar gab es noch einige Restarbeiten, die konnten aber noch bis zum Frühjahr warten. Das Schiff war wie neu und sicherlich in einem robusteren und strukturell stärkeren Zustand als jemals zuvor. Wasserdichte Schotten, zahlreiche Verstärkungen und eine moderne Navigations- und Kommunikationseinrichtung vervollständigten das Gesamtbild. Am 29. Dezember, mitten im Winter 1990, liefen wir zu unserer ersten Reise aus. Die DAGMAR AAEN war neu auferstanden, und mir wurde schlagartig klar, dass zwischen unseren wohlmeinenden, aber trotzdem amateurhaften Versuchen der Selbsthilfe und der substanziellen und qualitativ hochwertigen Arbeit der Bootsbauer und aller beteiligten Gewerke ein himmelweiter Unterschied lag. Sie waren die Spezialisten – nicht wir. Das Schiff, das jetzt über die winterliche Ostsee segelte, hatte mit jenem, das vor zwei Jahren nach Helgoland gefahren war oder versucht hatte die Azoren zu erreichen, nicht mehr das Geringste gemein – außer dem Rumpf und dem Namen.
Der Rest war neu; ein trutziges, aber sehr mobiles Bollwerk gegen Sturm, Eis und Wellen.

Nicht immer führen unsere Kurse in die eisigen Regionen. 1995 durchsegeln wir den gesamten Südpazifik und machen unter anderem Station auf den Osterinseln (folgende Doppelseite).

Das neue Rigg wird im Jahre 2001 gesetzt. Die DAGMAR AAEN verfügt seit diesen Tagen über eine Stenge und insgesamt über deutlich mehr Segelfläche. Das Handling wird dadurch nicht einfacher – sie segelt aber erheblich besser.

Jack
Wolfskin

Kutter, Ketsch oder Schoner?

Die Masten, Takelage, Blöcke, laufendes und stehendes Gut eines Schiffes – kurz, alles, was dazu dient, Segel zu tragen – fasst man gemeinhin unter dem Begriff Rigg zusammen. Je nach Schiffsgröße, Typ und Einsatzbereich haben sich unterschiedliche Riggtypen entwickelt. Welches Rigg für welches Schiff am besten geeignet ist, kann nicht so leicht beantwortet werden. Die Größe eines Schiffes, sein Einsatzbereich und die Größe der Mannschaft spielen neben anderen Faktoren eine wichtige Rolle. Bei konventionell und schwer gebauten Schiffen wie der DAGMAR AAEN wird man daher auch unterschiedliche Segelpläne antreffen, zumeist aber wohl das Ketschrigg. Es soll an dieser Stelle nicht über die Vor- oder Nachteile eines Ketsch- oder Schonerriggs gestritten werden; nur so viel sei gesagt, dass beide Typen zweimastig sind, wobei beim Schoner der hintere Mast höher als der vordere ist. Bei der Ketsch ist es genau umgekehrt. Auch die Positionierung der Masten sowie die einzelnen Segelflächen sind bei den beiden Schiffstypen unterschiedlich, gemein ist ihnen beiden eine Gaffel- oder Hochtakelung. Unter den »Haikuttern« finden sich heute drei Riggtypen,

Rauschefahrt auf der Flensburger Förde. Jedes Jahr zu Himmelfahrt geben sich über 100 Traditionssegler anlässlich der Rum Regatta in Flensburg ein Stelldichein. Die Devise bei der Regatta lautet: »Lieber heil und Zweiter als kaputt und breiter.« Wann immer es geht, sind wir mit dabei!

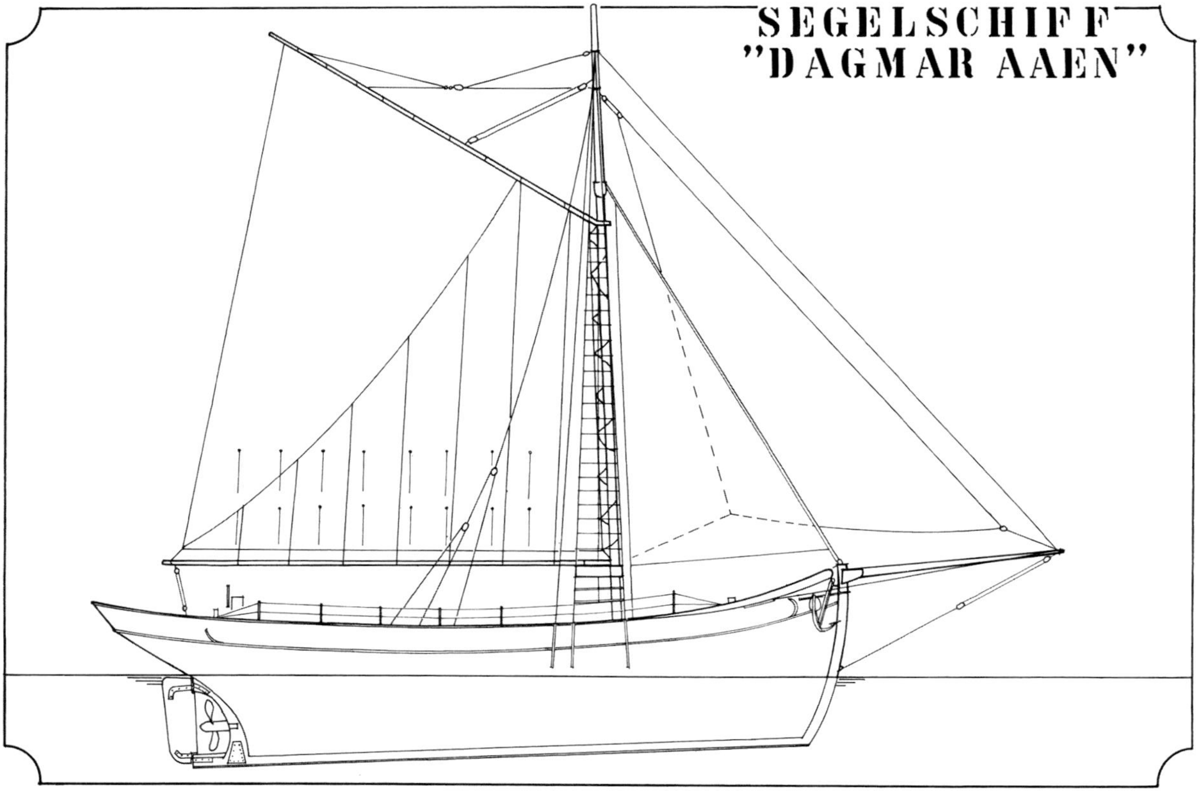

Ein Plan der DAGMAR AAEN *nach der ersten Umbauphase Anfang der 1990er-Jahre. Das Rigg ist 2001 komplett verändert worden – allein die Kuttertakelung ist geblieben.*

wobei der Begriff »Haikutter« wiederum nichts mit der Takelung zu tun hat, sondern sich eher vom übergeordneten Begriff Fischkutter herleiten lässt – doch nun wird es verworren. Genug der grauen Theorie! Nur so viel: Ein Kutter hat im Gegensatz zu Ketsch und Schoner nur einen Mast. Da er aber trotzdem die gleiche Segelfläche tragen wird wie seine zweimastigen Brüder, liegt es auf der Hand, dass das Handling eines großen Kutters meist aufwendiger und schwerer ist als bei zweimastig getakelten Schiffen. Alles klar? Einzelne, kleinere Segel lassen sich eben von wenigen Leuten schneller und effektiver handhaben als einzelne große. Ein im Wind schlagendes Segel, Manöver wie Halsen, Wenden oder Reffen sind mit einem Kutter bei Starkwind und entsprechendem Seegang sowie einem Großbaum, der ungebändigt alles kurz und klein schlägt, was sich ihm in den Weg stellt, nicht gerade etwas für Zartbesaitete. Ein Kutterrigg ist ziemlich kompromisslos und vergibt keine Fehler.
So gesehen spricht ab einer bestimmten Schiffsgröße alles für ein zweimastiges Schiff … wären da nicht auch Argumente, die ein großes Rigg favorisieren: Ein gut getrimmter und gesegelter Kutter wird in aller Regel mehr Höhe laufen als eine Ketsch oder ein

Adolf »Adi« Born, Ehrencrewmitglied der Dagmar Aaen und alter Pamir-Fahrer baut ein Modell der Dagmar Aaen, das bis ins kleinste Detail dem Original entspricht.

Selbst den Innenausbau hat Adi komplett nachgebaut. Jedes kleinste Teil ist handgefertigt, sogar die Takelage ist – wie kann es anders sein – voll funktionstüchtig.

Schoner. Die ungebrochene, große Segelfläche ist effektiv und extrem kraftvoll. Und noch ein Argument gibt es: Ein großer Kutter unter Vollzeug sieht einfach toll aus!

Während des Umbaus habe ich mir natürlich auch die Frage gestellt, welches Rigg das Schiff sinnvollerweise in Zukunft tragen sollte. Die Vernunft in meiner Brust sagte laut und bestimmt: »Ketsch oder Schoner, du hast die Wahl.« Mein Bauchgefühl hielt mit lauter Stimme unüberhörbar dagegen: »Wähle das Kutterrigg.« Wie die Entscheidung ausging, ist bekannt. Neben der Ästhetik sprechen vor allem die besseren Segeleigenschaften für einen Kutter. Da wir zudem immer mit einer gut eingespielten und zahlenmäßig starken Mannschaft unterwegs sein würden, war das Handling auch kein wirklich überzeugendes Argument. Schließlich wollten wir ja nicht im Schongang unterwegs sein, sondern ein erlebnisorientiertes und aktives Segelabenteuer unternehmen. Dafür ist das Kutterrigg genau das Richtige! Vorbild waren die wunderschönen, kuttergetakelten englischen Smacks sowie natürlich die legendären

Der Haikutter Nordwind verfügt über eine Schonertakelung. Das sehr gut erhaltene Schiff segelt hervorragend.

Lotsenkutter, die bei jedem Wetter auf See waren und deren Seetüchtigkeit weit über die Landesgrenzen hinweg berühmt war. Die englische Segellegende Bill Tilman hatte mit seinen insgesamt drei verschiedenen Bristol Chanel Pilot Cutter weltweite spektakuläre Reisen unternommen. Unter anderem war er der erste Privatmann, der eine Segelexpedition in die Antarktis gewagt hatte. Mit seinen im Expeditionsstil durchgeführten, kombinierten See-und-Berg-Expeditionen hatte Tilman mich schon frühzeitig inspiriert und dadurch sicherlich auch mit dazu beigetragen, dass die DAGMAR AAEN ein Kutterrigg erhielt.

Die DAGMAR AAEN behielt also den Mast, die Gaffel und den Baum, die Niels einige Jahre zuvor bereits für sie angefertigt hatte. Alles andere wurde erneuert. Später kam noch eine Rah, eine sogenannte Breitfock hinzu, die gerade bei Vorwindkursen eine gute Ergänzung darstellt. Mit diesem Rigg ist die DAGMAR AAEN rund zehn Jahre unterwegs gewesen. Es wurde mal hier und mal dort modifiziert, ein Toppsegel kam hinzu, das sich aber aufgrund des niedrigen Mastes nicht sehr gut setzen oder bergen ließ. Insgesamt war schnell klar, dass das Rigg bei Sturm und Starkwind bestens geeignet, bei schwachem Wind aber deutlich untertakelt war. Bei den von uns bereisten Schlechtwettergebieten der hohen Breiten war das in Ordnung, bei langen Seereisen mit schwachen Winden aber sehr hinderlich und ein wenig nervig. Irgendwann reichte es mir. Im Winter 2000/2001 stand eine komplette Erneuerung des Riggs an. Vom Bootsbaumeister Detlev Löll, der schon Riggs für weit größere Schiffe konstruiert hatte, wurden die Konstruktionspläne gezeichnet sowie das gesamte stehende und laufende Gut samt Beschlägen gefertigt. Der neue, stärkere Mast, der fortan eine Stenge tragen würde, sowie Gaffel, Baum und Klüverbaum wurden bei Christian Jonsson in Egernsund gebaut. Der neue Großbaum wurde aus unserem alten Mast gehobelt und war um satte zwei Meter länger als der alte Baum. Hinzu kam ein Stell neuer Segel, ergänzt durch ein drittes Vorsegel, den Flieger, sowie ein Toppsegel, das sich nun auch prima setzen ließ und gerade bei schwächeren Winden eine großartige Ergänzung darstellt. Weggefallen ist dafür die Breitfock. Insgesamt beträgt die Segelfläche je nach der Größe der Vorsegel zwischen 200 und 220 m². Die ersten Probeschläge waren für uns überwältigend. Das Schiff segelte auf allen Kursen deutlich besser und war zudem endgültig zu einer Augenweide geworden. Durch die vergrößerte Segelfläche war das Handling zwar nochmals anspruchsvoller geworden, aber das war in jedem Fall vertretbar. Im Sommer 2001 starteten wir zu einer Ausbildungsreise in die Ostsee, die uns über Bornholm nach Klaipeda, Tallinn, St. Petersburg, Helsinki, die Ålandinseln, Stockholm und schließlich wieder zurück nach Flensburg führte. Danach war alles klar: Wir hatten auch das größere Rigg im Griff und freuten uns auf neue Reisen.

Ein Haikutter mit klassischem Ketschrigg. Die unterbrochenen Segelflächen lassen sich ab einer bestimmten Schiffsgröße leichter handhaben als die Kuttertakelung eines gleich großen Schiffes. Sei's drum: Ich mag eben das Kutterrigg!

Die DAGMAR AAEN vor Anker in Antarctic Havn, Ostgrönland. Das Schiff ist sowohl Transportmittel als auch unser Zuhause und zugleich Warenlager für alle Aktivitäten an Land. Es gibt für mein Dafürhalten keine schönere Art, Naturlandschaften zu erkunden *(folgende Doppelseite).*

Kettensäge und Hydraulikschere –

Ein ökonomischer wie ökologischer Irrsinn

Die DAGMAR AAEN ist eine klassische Vertreterin der dänischen Fischereiflotte und damit letztlich auch der dänischen Kulturgeschichte. Kutter wie sie, mal größer, mal kleiner, mit ihren unterschiedlichen Heckformen, allesamt aus Eichenholz für den harten Arbeitseinsatz auf Nord- und Ostsee gebaut, prägten ein gutes Jahrhundert lang die dänischen Häfen. Das helle Blau der Rümpfe, meist mit einem roten Streifen am unteren Teil der Schanz versehen, die Ruderhäuser und der kernige Sound der Motoren verliehen den Häfen die Farbe und die Geschäftigkeit, die sie so interessant und liebenswert gemacht haben. Fischer, die in ihren blauen Overalls oder dem leuchtend roten Ölzeug in Holzklotschen auf der Pier standen und fachsimpelten, das Kommen und Gehen der Kutter, die Fischereigenossenschaften, die Netzbindereien, die Werften, die Zulieferfirmen – sie alle bildeten ein Ganzes und schufen eine einzigartige Atmosphäre, die nicht nur Schiffsnarren wie mir das Herz aufgehen ließ, sondern ebenso

Die Bugsektion ist alles, was nach rund einer Stunde Abrissarbeiten von einem soliden und ehemals gesunden Holzkutter übrig bleibt. Das Zerstörungswerk lässt jeden Schiffsliebhaber fassungslos innehalten.

Menschen aus dem Binnenland, die ansonsten nichts mit der Seefahrt am Hut hatten. Das Leben in den Fischereihäfen war so prall, so vital, dass ich mir noch in den 1980er-Jahren nicht hätte vorstellen können, dass es einmal anders sein könnte. Heute hat sich das Bild dramatisch geändert.
Grenaa ist ein Fährhafen an der jütländischen Kattegatküste. Der Ort wartet außerdem noch mit einem mehr oder weniger aktiven Fischereihafen sowie einem Yachthafen auf. Für Reisende und Segler ist der Ort meist lediglich ein Stopover, ein Platz, um auf günstige Winde zu warten, um die Insel Anholt oder gar Schweden anzusteuern. Der Hafen ist mehr ein Gebot der Stunde denn eine Leidenschaft. So richtig abwechslungsreich ist es hier jedenfalls nicht. Vermutlich wäre der Hafen regelrecht langweilig, gäbe es nicht »Fornæs Shipbreaking«, ein Abwrackunternehmen.
Die Firma ist in den letzten Jahren derart expandiert, dass sie mittlerweile das gesamte Hafenbild prägt. Große, rostige Stahlrümpfe in unterschiedlichen Stadien der Zerstörung liegen im öligen Hafenbecken. Schrotthalden türmen sich an Land, dazwischen eilen in schmutzigen Overalls Männer mit Schweißbrennern und Trennjägern herum. Es sieht aus wie nach einem verheerenden Bombenangriff. Ein riesiger Schwimmkran setzt gleich nebenan komplette Trawlerrümpfe an Land – und dort wartet dann das Monster auf sie: Mit weit geöffnetem Maul, das einem gefräßigen Dinosaurier gleicht, stürzt sich eine monströse Hydraulikschere auf ihr Opfer, kaum dass es Bodenkontakt hat. Das Monstrum röhrt, krallt sich mit seinen Panzerketten in den Asphalt und reißt ganze Stahlplatten aus dem Rumpf. Wie ein gefräßiger Tyrannosaurus Rex schlägt es seine Zähne in die Aufbauten, in Rohrleitungen und Maschinenteile, zerrt wütend daran, schleudert sie von sich, verbeißt sich erneut. Ein ohrenbetäubendes Kreischen und Knirschen ertönt, Dieselabgase, Öllachen, Staub verpesten die Luft und den Boden, und der allgegenwärtige Schrott nimmt einem fast den Atem. Das Szenario wirkt auf den Betrachter wie aus einer anderen Welt. Dantes Inferno auf Schiffe bezogen.
Hier ist Endstation – endgültig!
Die demontierten Ruderhäuser werden fein säuberlich auf Feldern gelagert, bis sie einen neuen Besitzer in Übersee finden, ansonsten werden auch sie verschrottet. Daneben Hallen voller Großmotoren, Wellen- und Schraubenanlagen, Winden und Bugstrahlruder, Ankergeschirr und Radaranlagen. Alles, was es an Maschinerie auf einem Seeschiff zu finden gibt, wird dort zum Verkauf angeboten. Der Rest wird von dem mechanischen Dinosaurier in transportfähige Brocken zerkleinert, um später in den Hochofen zu wandern. Das ist der Lauf der Dinge – auch Schiffe werden alt und unwirtschaftlich, werden durch neue ersetzt. Schiffe, insbesondere große Trawler, sind Industrieanlagen, die mit Romantik herzlich wenig zu tun haben. Das ist die Lehre, die daraus zu ziehen ist.
Und so mag es auf den ersten Blick auch schlüssig und sinnvoll sein, die Flotte der in die Jahre gekommenen hölzernen Fischkutter der Kettensäge oder Hydraulikschere angedeihen zu lassen. Was ist schon ein Zwanzig-Tonnen-Kutter gegen einen hochmodernen Hochseetrawler, der bei jedem Wetter wochen- oder gar monatelang auf See bleiben kann und aufgrund seiner Größe und grandiosen Maschinenleistung den Meeresboden nach Lust und Laune umpflügt, um auch den letzten Fisch in seinen kilometerlangen Netzen einzufangen? Das kann ein Holzkutter natürlich nicht leisten. Zudem ist er in einem viel größeren Maße vom Wetter abhängig als seine großen, stählernen Verwandten. Seine Zeit ist abgelaufen, sollte man meinen, und deshalb ist auch für ihn in Grenaa Endstation.
So weit – so gut, das ist halt der Lauf der Dinge.

Ist es aber eben nicht!
Wenn man einmal genau hinter die Kulissen schaut, erkennt man, dass hier eine Strategie dahintersteckt. Die hölzernen Fischkutter sind in aller Regel Familienbetriebe, häufig sind sie vom Vater auf den Sohn vererbt worden. Der Kutter hat die Familien der

Fein säuberlich liegen die ausgeschlachteten Holzrümpfe auf der Pier in Grenaa und warten auf das »Monster«, das sie in Kleinholz verwandeln wird. Sie sind unwiederbringlich verloren. Per Gesetz dürfen sie nicht mehr verwendet, sondern müssen komplett zerstört werden.

Besatzung ernährt sowie die angeschlossenen Landbetriebe wie Werften, Fisch verarbeitende Betriebe, Lieferanten und Serviceunternehmen. Ihre Stilllegung macht weder ökonomisch noch ökologisch Sinn – es ist vielmehr ein Politikum. Mit dem an sich ja richtigen Argument, dass die Fischbestände geschützt und daher die Quoten eingeschränkt werden müssen, übte man seitens der EU und der Regierung der jeweiligen EU-Länder Druck auf die Fischer aus, ihre Kutter stillzulegen. Da kaum ein Fischer Veranlassung sah, freiwillig seine Existenzgrundlage zu opfern, erhöhte man die Anreize – oder aber auch den Druck, wie immer man das sehen mag –, indem beispielsweise vom Fischereiministerium eine staatliche Abwrackprämie ausgesetzt wurde. Einige Fischer machten freiwillig davon Gebrauch – andere mehr auf Druck der Banken, die die Kutter finanziert hatten. Viele Fischer verkauften daraufhin ihre Kutter ins Ausland. Als einige dieser ausgemusterten Kutter unter fremder Flagge vor den Küsten wieder auftauchten und erneut zu fischen begannen, ersannen die Bürokraten eine andere Lösung: Ein Kutter, der die Abwrackprämie erhalten hatte, musste fortan zerstört werden. Sämtliche Schlupflöcher wurden gestopft. Für einen solchermaßen erfassten Kutter gab und gibt es keine Hilfe – er fällt zwangsläufig dem Abwracker zum Opfer. Im Zeitraum von 2001 bis 2004 fielen auf diese Art

Wie eine Geisterstadt wirken die ausgemusterten Ruderhäuser der abgewrackten Kutter, die auf einer Wiese der weiteren Verwertung harren.

HIRTSHALS

und Weise sage und schreibe ca. 900 hölzerne Kutter der Zerstörung anheim – ein großer Teil davon in einem technisch hervorragenden Zustand. Wenn man zudem bedenkt, dass in einem Kutter der Größe der DAGMAR AAEN seinerzeit etwa 30 massive Eichenstämme verarbeitet wurden, wird deutlich, was hier für eine Rohstoffvernichtung betrieben wird. Außerdem könnte man die ausgemusterten Rümpfe durchaus auch zu etwas anderem als der Fischerei benutzen – siehe das Beispiel DAGMAR AAEN oder all ihrer Schwestern im Geiste, die heute als Freizeitschiffe ihren Dienst tun. Doch damit nicht genug: Während die kleinen Kutter zersägt werden, werden mit Steuermitteln und EU-Subventionen ultramoderne, neue, große Trawler gebaut, die ein Vielfaches von dem fangen, was die Flotte der kleinen Kutter zu leisten vermochte. Der Fischbestand wird also gar nicht geschont, sondern ganz im Gegenteil mit modernsten und höchst effektiven großen Industrieschiffen in einem noch größeren Maße dezimiert! In diesem Zusammenhang wirken dann allerdings die kleinen Kutter beziehungsweise deren Fänge quasi als das Zünglein an der Waage. Natürlich trägt auch ihr vergleichsweise geringer Fang heute zum Exodus der Fischbestände mit bei. Doch eigentlich wurde hier Ursache und Wirkung vertauscht. Das ist das eigentliche Drama. Den Kuchen teilen sich heute einige große Fischereibetriebe, die wiederum EU-Subventionen beziehen und damit fleißig Raubbau an der Natur betreiben. Die Lobby der Industrietrawler ist eben mächtig. Die Fischkutterkapitäne haben keine Lobby.

Was aber macht ein Kutterfischer, der mit 40 Jahren sein Schiff aufgrund des Drucks der Banken abwracken lassen muss? Ich habe es in Grenaa selbst einmal erlebt. Einer dieser blauen Fischkutter kam eines Morgens mit Schwung und schäumender Bugwelle um die Hafenmole gefahren, stoppte kurz auf und machte an der Abwrackpier fest. Auf der Pier stand ein Auto mit laufendem Motor, darin offenbar die Frau des Fischers. Sobald der Kutter still lag, sprang der Fischer an Land, ohne auch nur den Schiffsdiesel abzustellen, stieg auf der Beifahrerseite ein und ließ sich, ohne einen Blick zurück auf seinen Kutter zu werfen, von seiner Frau fortfahren. Zusammen mit den bereitstehenden Abwrackern ging ich damals an Bord und sah mich um. Das Schiff befand sich technisch und optisch in einem 1a-Zustand. Noch während ich an Bord herumstöberte, ließen die ersten Winkelschleifer Feuerschweife über das Deck stieben. Das Ende war gekommen.

Wie sieht der berufliche Werdegang eines selbstständigen Fischers aus, wenn er sein Unternehmen stilllegt? Vielleicht wird er irgendwo Fahrer oder Nachtwächter – es wird nur wenige geben, die eine adäquate Beschäftigung finden und nicht arbeitslos und damit vom Sozialstaat abhängig werden.

Mittlerweile ist der weitaus größte Teil der Holzflotte vernichtet – nicht nur in Dänemark, sondern auch in anderen europäischen Ländern. Alle Versuche, einen besonders attraktiven Rumpf vor dem Schredder zu retten, schlugen fehl. Sie müssen zerstört und danach auch noch kostenintensiv als Sondermüll verbrannt werden. Die verbliebenen Fischer versuchen die Nischen im Regelwerk zu entdecken und haben in dem Moment zusätzlich damit zu kämpfen, als Buhmänner, die die Fischbestände dezimieren, gebrandmarkt zu werden. Die dafür eigentlich Verantwortlichen sieht der Zuschauer nicht. Die Entscheidungsträger sitzen nämlich in komfortablen Büros. Der Exodus der Fischschwärme findet auf hoher See und unter Ausschluss der Öffentlichkeit statt. Der Meeresboden wird umgepflügt, um vom Seestern über Plattfische bis hin zur leeren Coladose alles einzufangen und später in die Fischmehlmühle zu werfen und Tierfutter daraus zu machen. Wer jemals auf der Brücke eines modernen Trawlers einen Blick auf die Elektronik werfen konnte, die der

Die Hydraulikschere frisst sich in den Eichenrumpf eines zum Abwracken bestimmten Kutters. Das Holz splittert und birst – das tragische Finale eines an sich gesunden Fischkutters, der jahrzehntelang Stürmen getrotzt hat.

Ortung von Fischschwärmen dient, wird verstehen, warum die Fische keine Chance mehr haben. Die neuen Generationen dieser Sonargeräte haben eine bislang unbekannte Effektivität erreicht.
Jeden Tag sterben auf diesem Planeten 150 Arten aus. Pflanzen und Tiere – jeden Tag!
40 % des Wohlstandes der Welt bauen auf den natürlichen Lebensgrundlagen auf. Die Meere sind davon ebenso betroffen wie der tropische Regenwald. Neben der Praxis der illegalen Fischerei werden insbesondere durch die Grundnetzschlepperei ganze Biotope zerstört. Die kilometerlangen Treibnetze tragen ihren Anteil dazu bei. Die Kaltwasserriffe, die Kinderstube vieler Meeresbewohner, sind – kaum dass sie entdeckt sind – schon wieder in ihrem Bestand bedroht. Der Schutz der natürlichen Vielfalt ist aber gleichzeitig ein Schutz unseres Wohlstands. Umweltschutz ist Ökonomie, und der Erhalt der Arten ist daher kein exklusives Hobby einiger versponnener Ökofundamentalisten, sondern repräsentiert vielmehr unser aller vitales Interesse. Dass die Fischbestände geschützt werden und im Zuge dessen auch Schiffe stillgelegt oder ausgemustert werden müssen, steht außer Frage. Aber muss man sie deshalb gleich unwiederbringlich zerstören? Und wären durch ihre Baugröße in ihrer Kapazität begrenzte Fischereischiffe nicht sinnvoller als die subventionierten, ultramodernen Trawler? Darin

liegt meiner Meinung nach der ökologische wie ökonomische Irrsinn. Heute ist der größte Teil der Kutterflotte vernichtet. Im Hafenbecken von Grenaa liegen fast nur noch große Stahlschiffe. Als ich einmal mit Christian Jonsson, dem Werftbesitzer, bei dem die DAGMAR AAEN regelmäßig gewartet wird, in Grenaa war, erkannte er auf Anhieb einige seiner »Kunden« wieder. »Der kommt nächstes Frühjahr also nicht mehr«, sagte er nachdenklich. »Bei dem dort drüben haben wir vergangenes Jahr noch die Relingstützen erneuert« – jetzt fraß sich die Kettensäge durchs Holz.

Es mag müßig sein, sich über solche Dinge Gedanken zu machen. Aber Grenaa ist zu einer Art Symbol geworden. Unter Vorschiebung ökologischer Argumente wird hier eine Art wirtschaftliche Vorteilnah-

me zugunsten einiger weniger betrieben. Die Zeit hätte auch so für eine Reduzierung der Kutterflotte gesorgt. Die Schiffe werden älter, die Fischer selbst auch. Junge Leute wollen häufig nicht mehr das strapaziöse und entbehrungsreiche Arbeitsleben auf den kleinen Schiffen auf sich nehmen. Aber es wäre ein würdigerer und nachhaltigerer Ausklang einer Epoche gewesen als der forcierte Exodus von Grenaa.

Schrauben- und Wellenanlagen der abgewrackten Kutter lagern eng an eng auf einer Wiese. Ihre unüberschaubare Zahl lässt die Menge der zerstörten Schiffe erahnen.

DAGMAR
Jack Wolfskin
www.Globetrotter
Ausrüstung
LEATHERM

Steckbriefe einiger Artverwandter

Der Werdegang der DAGMAR AAEN mag bis zu ihrem Umbau und Einsatz als Expeditionsschiff exemplarisch für andere ehemalige Fischereischiffe stehen. Dennoch hat natürlich jedes einzelne Schiff auch sein eigenes Schicksal. Es würde den Rahmen dieses Buches sprengen, wollte ich den Versuch unternehmen, alle noch existierenden Haikutter und deren Werdegang aufzulisten – derzeit laufen 20 allein unter deutscher Flagge (Feb. 2009). So gänzlich möchte ich auf einige Beispiele aber doch nicht verzichten. Deshalb sollen hier einige hervorragend restaurierte Schiffe exemplarisch für die gesamte Flotte stehen.
Wie grundsolide diese Schiffe einst gebaut worden sind, beweist auch der Umstand, dass noch heute einige von ihnen aktiv in der Fischerei anzutreffen sind – nach vielen Jahrzehnten hartem Einsatz im Sommer wie im Winter. Man begegnet ihnen immer seltener, aber es gibt sie noch. Hoffentlich bleibt ihnen der entwürdigende Weg nach Grenaa erspart, und hoffentlich finden sich genügend unerschrockene Eigner, die bereit und in der Lage sind, sie einem neuen Verwendungszweck zuzuführen.

Nach der Überwinterung in der Nordwestpassage segeln wir im Sommer 2004 unter Vollzeug in küstennahen, eisfreien Gewässern. Diese Segelführung ist im Eis aus Sicherheitsgründen eher die Ausnahme, da unvermittelt neue Eisfelder auftauchen können.

Jens Krogh

Der älteste mir bekannte Haikutter ist die Jens Krogh. Das Schiff wurde 1899 auf der Werft H. V. Buhls in Frederikshavn gebaut. Wie auch die Dagmar Aaen war das Schiff in der sogenannten Snurrewadenfischerei beschäftigt, einer für das Schiff sehr schonenden Fangart.

Die Jens Krogh hatte anfangs einen 6-PS-Petroleummotor. Von 1912 bis 1957 war der Kutter in Esbjerg unter der Fischereinummer E 191 registriert und beheimatet. Von 1957 bis 1973 war das Schiff unter dem Namen Ulla-Vita in Nord- und Ostsee in verschiedenen Häfen stationiert, bis es schließlich 1973 von einer dänischen Organisation für Jugendarbeit gekauft und zum Schulschiff umgebaut wurde. Dabei diente das historische Original als Vorbild, wobei den strengen behördlichen Sicherheitsauflagen natürlich Rechnung getragen wurde. Auch heute noch, mit über 100 Jahren, fährt das Schiff regelmäßig mit bis zu 19 Crewmitgliedern auf Veranstaltungen der STAG (Sail Training Association) in Nord- und Ostsee und ist als ausgezeichneter Segler bekannt.

Schiffsdaten:

Lüa:	24,60 m
Rumpflänge:	18,60 m
Breite:	5,00 m
Tiefgang:	2,20 m
Segelfläche:	231 m²

www.jenskrogh.dk

Die Jens Krogh im Sommer 2008 in ihrem Heimathafen Aalborg. Während auf der Dagmar Aaen dort von Thrane & Thrane eine neue Funk- und Satellitenanlage montiert wurde, lagen beide Schiffe zwei Wochen nebeneinander.

Carmelan

Die Carmelan wurde 1927 auf der Werft Hjörne & Jacobsen in Frederikshavn als Galeasse mit dem Namen Kristian gebaut. Von dort aus fischte sie bis 1957 unter der Fischereinummer FN 66 vorwiegend in der Nordsee. Danach wurde sie an einen neuen Eigner verkauft und auf den Namen Ene umgetauft. Neuer Heimathafen wurde Esbjerg, das damals vielen Kuttern als Ausgangsbasis für die Fischgründe auf der Doggerbank diente. Ende der 1970er-Jahre zwangen die Überfischung der Nordsee und die Einführung der großen Fabrikschiffe viele Kuttereigner zur Aufgabe. Sie waren einfach nicht mehr wettbewerbsfähig. Niels Bach erwarb die Dagmar Aaen seinerzeit 1977 im Esbjerger Hafen, Hagen Weihe kaufte die Ene dort ein Jahr später. Ihr letzter Kapitän, Egon Enevoldsen, war bis zur Aufgabe der Fischerei durchgehend 45 Jahre auf dem Kutter gefahren. Diese langen Fahrzeiten und die daraus erwachsene Verbundenheit mit dem Kutter war damals durchaus üblich und stellt sich bei der Dagmar Aaen ja ganz ähnlich dar. Mit 64 Jahren schließlich gab Enevoldsen die Fischerei auf und legte seinen Kutter im Hafen auf.

Noch im selben Jahr wurde das Schiff von Hagen Weihe entdeckt und in langjähriger und großer Detailliebe restauriert und zurückgebaut, wobei teilweise die Jens Krogh als Vorbild diente. Der neue Name Carmelan wurde dem Schiff nach einem guten Wassergeist verliehen.

Seit der Restaurierung ist das Schiff ständig in Fahrt gewesen und ist sicher einer der am schönsten restaurierten Haikutter. Törns in die Karibik und ins Mittelmeer standen ebenso auf dem Reiseplan wie regelmäßige Charterreisen in Nord- und Ostsee. Hagen Weihe war vielen aus der Szene ein guter Freund und fachkundiger Ratgeber – und zudem ein exzellenter Seemann. Auch ich habe beim Umbau der Dagmar Aaen viele Tipps von ihm erhalten. Als er im Jahre 2006 viel zu früh starb, hinterließ er eine bleibende Lücke. Zum Glück wird die Carmelan von der Familie und Freunden in Hagens Sinne weitergeführt.

Die Ene alias Carmelan. Der Kutter trägt eine Esbjerger Fischereinummer, wurde aber in Frederikshavn gebaut.

Schiffsdaten:

Lüa:	25,95 m
Rumpflänge:	18,20 m
Breite:	4,82 m
Tiefgang:	2,46 m
Segelfläche:	262 m²

www.carmelan.de

Carmelan

Bodil

Die Bodil wurde 1924 als Patria in Skagen auf der Werft Carstensen & Hinrichsen gebaut. Später fuhr das Schiff unter dem Namen Bodil Sand von Hirtshals aus auf Fangreise. Auch dieses Schiff wurde als Snurrewadenkutter betrieben. 1988 wurde es nach Søby verkauft und nach alten Zeichnungen von dem jetzigen Eigner Uwe Adolph wieder zurückgebaut. Bodil ist wie die meisten Haikutter als Ketsch getakelt und gehört wie die Dagmar Aaen und auch die Carmelan zum Museumshafen Flensburg.

Schiffsdaten:

Lüa:	24 m
Rumpflänge:	17,75 m
Breite:	4,65 m
Tiefgang:	2,29 m
Segelfläche:	205 m²

www.segelschiff-bodil.de

*Die **Carmelan** in ihrem heutigen Erscheinungsbild. Sie hat eine Ketschtakelung und trägt eine sehr große Segelfläche. Auch bei leichtem Wind segelt sie sehr gut (links).*

*Die **Bodil** vor ihrem Umbau. Die schönen Linien des Schiffes sind gut zu erkennen – ansonsten wartet viel Arbeit auf den neuen Eigner (oben).*

PLATESSA

Die PLATESSA (Plattfisch) wurde 1935 bei Jensen & Lauridsen in Esbjerg gebaut. Bevor sie schließlich 1988 in Arnis an der Schlei in einem siebenjährigen Kraftakt von Joachim Kowalski komplett restauriert und neu aufgebaut wurde, hatte sie eine wechselvolle Geschichte hinter sich. Als Fischereifahrzeug durchlief sie mehrere Besitzer, bis sie schließlich Ende der 1970er-Jahre stillgelegt wurde und langsam, aber sicher verkam. Fotos zeigen das Schiff als Wrack im Esbjerger Hafen. Eine beherzte Gruppe von Altschiffenthusiasten kaufte das Wrack, entkernte es und versuchte es notdürftig abzudichten, um es dann nach Hamburg zu schleppen. Nachdem es dort in einem Fleet gesunken war, schien das Ende gekommen zu sein. Zwar wurde die PLATESSA wieder gehoben und an Land gestellt, aber die Mittel und die Begeisterung der Eignergemeinschaft hatten sich

Die BODIL nach ihrem Umbau auf der Flensburger Förde im Sommer 2008. Das Schiff hat klare Linien und ein übersichtliches und gut proportioniertes Rigg mit den typischen Pfahlmasten.

durch diesen Vorfall endgültig erschöpft. Abwracken schien die einzige Lösung zu sein. Da tauchte plötzlich der Flensburger Joachim Kowalski auf und kaufte kurz entschlossen das Wrack. Er dichtete es erneut ab und schleppte es mithilfe der CARMELAN an die Schlei, um es dort zu restaurieren. Als in Arnis die Restaurierungsarbeiten begannen, gab es nicht wenige, die an dem Erfolg dieser Arbeiten zweifelten. Zu schlecht war der Allgemeinzustand des Schiffes. Aber der Eigner ließ sich nicht unterkriegen. Mit großem handwerklichen Geschick und dem nötigen Durchhaltevermögen erstand die PLATESSA wie ein Phönix aus der Asche erneut. Nach sieben Jahren ist das Schiff technisch wieder in einem Topzustand, zählt mit zu den größten Haikuttern, die es noch gibt, und ist eine Augenweide.

Die PLATESSA wurde wie die DAGMAR AAEN in Esbjerg gebaut. Bei ihrer wechselvollen Geschichte mutet es wie ein Wunder an, dass das Schiff erhalten werden konnte und sich heute in einem perfekt restaurierten Zustand präsentiert.

Die PLATESSA hat heute den Heimathafen Eckernförde und gehört dem Verein »Lebensgemeinschaft Eiderdrift e. V.«, der sich der Jugendarbeit widmet.

Schiffsdaten:
Lüa: 25 m
Rumpflänge: 19,45 m
Breite: 5,05 m
Tiefgang: 2,30 m
Segelfläche: 250 m^2
www.platessa.de

Bilder, die für sich sprechen: Das Wrack der PLATESSA und das, was die neuen Eigner aus ihr gemacht haben.

Frieda von Hadersleben

Eine interessante, kleinere Vertreterin der Haikutter ist die Frieda.

Die Frieda wurde 1918 in Holbæk auf der Svendsen-Werft gebaut und auf den Namen Ancher getauft. Der Eigner war Thoams Kjer Thomsen, der wiederum der Enkel des bekannten Kunstmalers Michael

Joachim Kaiser, heute Vorstandsmitglied der Stiftung Hamburg Maritim, in jungen Jahren beim Schmieden der Beschläge für Frieda.

Die Frieda als Wrack an der Stör, so wie Rainer Ullrich sie vorfand. Es gehört eine gute Portion Mut und Idealismus dazu, ein solches Projekt anzugehen.

Ancher war – daher auch der Name des Schiffes. Die Fischereinummer lautete S (für Skagen) 90.
Wie alle Haikutter – egal wie groß oder klein – wurde sie aus Eiche gebaut. Bis 1962 fischte sie von Skagen aus im Kattegat und wurde danach nach Hals am Limfjord an einen neuen Besitzer verkauft und auf den Namen CAPRI umgetauft. 1973 gelangte die CAPRI nach Deutschland, wo sie während einer Sturmflut an der Stör – einem Nebenfluss der Elbe – auf Land geworfen wurde und als Wrack zu enden schien. 1976 entdeckte sie dort der Hamburger Kunstmaler und Grafiker Rainer Ullrich (auch Expeditionsmaler und Crewmitglied der DAGMAR AAEN) und entschloss sich spontan, das Schiff von Grund auf zu restaurieren. Nach drei Jahren harter Arbeit war es endlich so weit: Das auf den Namen FRIEDA VON HADERSLEBEN getaufte Schiff – nach der Großmutter Ullrichs benannt – lief im September 1979 zum zweiten Mal vom Stapel und gesellte sich als eines der ersten Traditionsschiffe in den damals neu gegründeten Museumshafen Flensburg, deren Mitbegründer Rainer Ullrich ist.

Schiffsdaten:

Lüa:	20 m
Rumpflänge:	14 m
Breite:	4,10 m
Tiefgang:	2,10 m
Segelfläche:	130 m²

www.expeditionsmaler.de

Die FRIEDA während einer gemeinsamen Segelreise mit der DAGMAR AAEN auf dem Weg nach Anholt.

Sie ist ein echter Hingucker und ein ausgezeichneter Segler.

Charlotte

Als weiteres Beispiel mag die Charlotte dienen, ebenfalls ein kleinerer Haikutter. Charlotte wurde 1925 in Glyngøre für den Fischer Ove M. Christensen gebaut. Anfang der 1930er-Jahre wurde immer noch unter Segeln von Thyborøn aus gefischt. Erst 1932 wurde nach dem Einbau eines stärkeren Motors das Fischen unter Segeln weitgehend eingestellt. Bis 1982 war das Schiff mit wechselnden Besitzern und Heimathäfen in der Fischerei beschäftigt. Nach alten Bildern und Zeichnungen wurde die

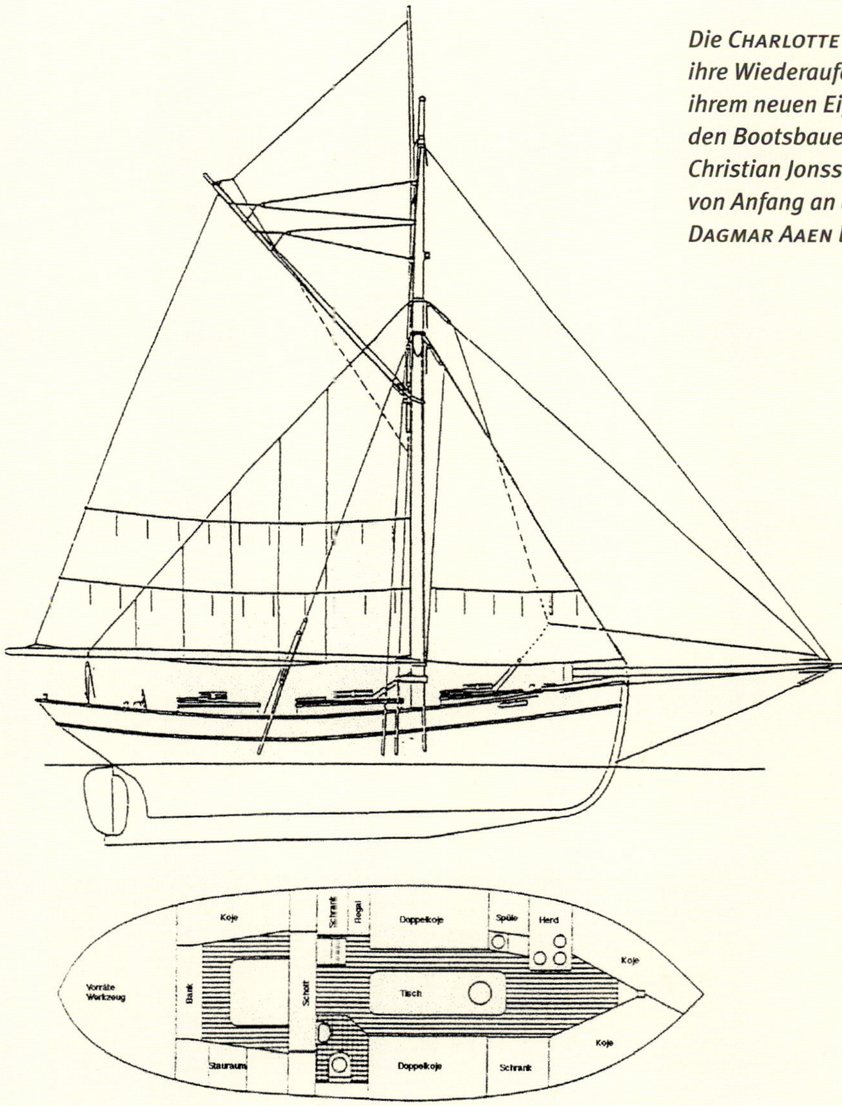

Die Charlotte verdankt ihre Wiederauferstehung ihrem neuen Eigner sowie den Bootsbauern um Christian Jonsson, der von Anfang an auch die Dagmar Aaen betreut hat.

Charlotte schließlich auf der Werft von Christian Jonsson in Egernsund komplett restauriert und wieder mit dem Originalrigg versehen. Das Schiff erhielt vom Germanischen Lloyd die Klasse GL 100 A5 sowie das Sicherheitszeugnis für Traditionsschiffe. Es befindet sich im Privatbesitz und hat als Heimathafen den Museumshafen Flensburg.

Schiffsdaten:

Lüa:	17,60 m
Rumpflänge:	12,50 m
Breite:	3,70 m
Tiefgang:	1,70 m
Segelfläche:	100 m^2

www.segeln-wie-damals.de

Die Charlotte – ein klassischer Kutter: robust, seetüchtig und urgemütlich unter Deck.

Kivioq

Last but not least möchte ich die Kivioq anführen, die vom Typ her ebenfalls ein Haikutter ist und eine bewegte Geschichte hat. Gebaut wurde sie 1933 auf der K. Andersens Skibsværft in Frederiksund als Expeditionsschiff für die Grönlandfahrt. Wie die Dagmar Aaen verfügte die Kivioq anfangs über einen Tuxham-Motor. Auftraggeber war der grönländische Polarforscher Knud Rasmussen. Rasmussen gilt bis heute als einer der großen Pioniere der Polarforschung, der sich auch international einen Ruf als bedeutender Ethnograf gemacht hat. Unter anderem hatte er mit Hundeschlitten die sogenannte 5. Thule Expedition unternommen, die ihn von 1921 bis 1924 von Grönland bis nach Alaska führte und in deren Verlauf er wertvolle ethnografische Untersuchungen durchführte. Er war es auch, der 1910 die Handelsniederlassung Thule in Nordwestgrönland gründete.

Im Juni 1933 verließ die Kivioq Kopenhagen mit dem Ziel Grönland. Am 13. Juli lief sie in Ammassalik ein. Von dort aus unternahm Rasmussen mit dem Schiff die sogenannte 7. Thule Expedition, die ihn entlang der Ostküste Grönlands führte. Es sollte die letzte Expedition Knud Rasmussens werden – kurz darauf verstarb er im Alter von 55 Jahren. Auch als Filmschiff für den von Rasmussen initiierten Film »Palos Brautfahrt« wurde die Kivioq verwendet. Nach dem Tod Knud Rasmussens tat die Kivioq als Vermessungsschiff des Geodätischen Instituts Dienst. Irgendwann gelangte sie schließlich nach Nuuk an die Westküste Grönlands, wo sie offenbar langsam verkam und schließlich im Hafen sank.

Die Kivioq ist eine echte Besonderheit. Gebaut für den Polarforscher Knud Rasmussen, verbrachte sie einen großen Teil ihres Werdegangs in Grönland und kam erst vor einigen Jahren zurück. Das Schiff wird derzeit restauriert.

Durch einen Zufall entdeckte der damalige Hafenkapitän von Nuuk, Knud Erik Möller, das Wrack, hob und restaurierte es. Das war Anfang der 1990er-Jahre. 1993 habe ich das Schiff in Grönland gesehen. Unter anderem wurde die Kivioq unter ihrem neuen Eigner für Filmaufnahmen in der Nordwestpassage eingesetzt. Vor einigen Jahren ist sie wieder zurück nach Dänemark gekommen und wechselte dort erneut die Eigner. Derzeit befindet sie sich im Besitz von Jutta Carstensen und Uwe Käding, die gerade sehr viel Arbeit und Geld in das Schiff investiert haben, um es erneut zu restaurieren und es im Originalzustand zu erhalten. Die Kivioq liegt wie die Dagmar Aaen und einige der anderen erwähnten Haikutter im Museumshafen Flensburg.

Schiffsdaten:

Lüa:	ca. 20 m
Rumpflänge:	15,85 m
Breite:	4,42 m
Tiefgang:	1,80 m

KIEL

Quo vadis, Traditionsschiffe?

Die Freiheit der Meere gehört längst ins Reich der Märchen – zumindest gilt das für die küstennahen Gewässer. Reglementierungen gibt es überall; mal sind sie nachvollziehbar, mal eher nicht. Die Zeiten, in denen man mit einem wie auch immer gearteten schwimmenden Untersatz die Meere und Küstenregionen befahren oder auch unsicher machen konnte, sind vorbei. Dabei ist bisweilen der Paragrafendschungel auch für jene, die sich intensiver mit der Materie befassen, kaum zu durchblicken. Das führt zwangsläufig zunehmend zu Irritationen, Verdruss und Unsicherheit insbesondere bei den Betreibern von Traditionsschiffen – aber wohl bisweilen auch bei den Ordnungshütern. Die Definition, was gewerbliche Schifffahrt ist und was dem Erhalt des maritimen Erbes in Form von traditionellen Schiffen sowie traditioneller Seemannschaft dient, ist

Alle Jahre wieder treffen sich zur Rum Regatta die hölzernen Frachtsegler, ehemaligen Fischereischiffe, Lotsenkutter und andere frühere Arbeitsschiffe zum Stelldichein auf der Flensburger Förde. Die Kosten und Mühen, die der Erhalt der historischen Schiffe den Eignern abverlangt, sind immens. Ohne den Enthusiasmus der Betreiber gäbe es diese Schiffe nicht (links).

Der Kaiser-Franz-Josef-Fjord in Ostgrönland, im Hintergrund der Nordenskiöld-Gletscher. Was kann es Schöneres geben, als mit dem eigenen Schiff diese großartigen Naturlandschaften zu erkunden (vorhergehende Doppelseite)?

umstritten. Und was gilt eigentlich genau als Traditionsschiff? Nicht alles, was alt ist und schwimmt, muss zugleich ein Traditionsschiff sein. Nach deutschem Recht sind Traditionsschiffe nur solche, die ein entsprechendes Schiffssicherheitszeugnis besitzen. Dieses Zeugnis wird von der See-Berufsgenossenschaft erteilt, sofern ein staatlich vereidigter Schiffssachverständiger die Einhaltung aller Auflagen und Vorschriften an Bord überprüft und bestätigt hat. Verfügt ein Schiff über das entsprechende Sicherheitszeugnis, darf es unter bestimmten Bedingungen zahlende Gäste an Bord nehmen, ohne an die strengeren Vorschriften für gewerbliche Fahrgastschiffe (SOLAS) gebunden zu sein. SOLAS (International Convention for the Safety of Life at Sea) reicht bis in das Jahr 1929 zurück und basiert auf nichts Geringerem als dem Untergang der TITANIC. Nach der Katastrophe versuchte man einen längst überfälligen, rechtsverbindlichen internationalen Sicherheitsstandard bei Passagierschiffen zu installieren. In gewissen Abständen wurden die Bestimmungen aktualisiert und legen bis heute die Sicherheitsstandards fest.

SOLAS hier, Sicherheitszeugnis für Traditionsschiffe dort – das schafft natürlich Freiräume für Interpretationen: Betreibt der Eigner eines Oldtimers gewerbliche Schifffahrt, wenn er mit einigen zahlenden Gästen zu einem Wochenendtörn startet, oder ist

dies letztlich nur ein notwendiger Nebenerwerb, der zum Erhalt des Schiffes unabdingbar ist, weil die Unterhaltskosten dieser Schiffe unverhältnismäßig hoch sind und von einem normalen Gehalt nur schwer bestritten werden können? Oder versucht dieser Eigner gar seinen Gästen die Grundlagen traditioneller Seemannschaft beizubringen?

Einhergehend mit den neuen Reglements steigen auch die Kosten beim Betrieb eines Traditionsschiffes. Die Sicherheitsanforderungen erfordern neue und meist recht teure Ausrüstungen. Es steht für mich außer Frage, dass die Sicherheitsrichtlinien sinnvoll sind, aber irgendwie muss das Ganze ja auch bezahlt werden.

Ein wunderbares Showdown alter Arbeitssegler, das wie aus vergangenen Zeiten wirkt. Dennoch läuft alles sehr geordnet ab. Die Leute haben ihre teilweise nicht ganz einfach zu manövrierenden Schiffe im Griff. Zunehmend schwierig wird hingegen, den immer neuen nationalen wie internationalen Bestimmungen zu entsprechen.

Viel Holz aus heimischen Wäldern. Tropenholz findet man eher selten auf den Traditionsseglern. Sie sind schließlich Arbeitsschiffe und keine Yachten (folgende Doppelseite).

ROLLO Kappeln

Heckansichten während eines Altschifftreffens in Sønderborg (links). Schiffe haben ihren Charme – und die Dame mit Sonnenschirm ganz sicher auch. Zum Festival in Brest treffen kleine und große Schiffe sowie ein bunt gemischtes und gut gelauntes Seefahrervolk aufeinander. Seeleute sind immer Kosmopoliten gewesen (oben).

Um die Belange der Traditionsschiffe zu bündeln und zu formulieren, gründete sich Ende der 1980er-Jahre die sogenannte Gemeinsame Kommission für historische Wasserfahrzeuge – kurz GSHW genannt. Ursprünglich eine Interessenvertretung, erlangte sie in den 1990er-Jahren Vereinsstatus. In der Satzung ist zu lesen:

»Der Verein fördert alle im allgemeinen Interesse liegenden Angelegenheiten einer Erhaltung und Pflege des deutschen Kulturerbes in der Schifffahrt, der Sicherheit und des Betriebes historischer Wasserfahrzeuge sowie der maritimen Traditionspflege. Er arbeitet dabei mit allen Einrichtungen und Personen auf nationaler und internationaler Ebene zusammen …«

Die GSHW ist eine Art Interessenvertretung für Traditionsschiffe, die als Mittler zwischen dem Bundes-

Die Rum Regatta in Flensburg und das Festival in Brest im Sommer 2008. Das Fest in der Bretagne findet alle vier Jahre statt und ist geprägt von einer sehr angenehmen bretonischen Lebensart, die die Schiffe und deren Crews in den Mittelpunkt stellen und nicht den Kommerz. Die Rum Regatta ist zwar kleiner, aber genauso liebenswert und findet jedes Jahr statt.

verkehrsministerium und der See-Berufsgenossenschaft fungieren soll, gleichzeitig aber auch eine Art Verwaltung und Aufsichtsgremium darstellt. Es würde den Rahmen sprengen, wollte ich jetzt Auskunft über die Schwierigkeiten und die Dispute zwischen den jeweiligen Institutionen geben. Nur so viel sei gesagt, dass es durchaus sehr kontroverse und verhärtete Positionen zwischen den Verhandlungspartnern gab oder gibt. Die GSHW hat in Abstimmung mit der SeeBG und dem BVM Richtlinien für Traditionsschiffe festgelegt, die sowohl die Besatzungsordnung und deren erforderliche Qualifikationen betreffen, als auch je nach Fahrtgebiet und Schiffsgröße die Sicherheitsstandards der Schiffe festlegen. Die sogenannte Registerkommission, die sich aus Vertretern der GSHW sowie der SeeBG zusammensetzt, entscheidet im Zweifelsfall, welches Schiff wirklich in die Kategorie »Traditionsschiff« einzuordnen ist – und welches nicht. Ein Schiffssicherheitszeugnis wird nach entsprechender Beantragung und Besichtigung eines amtlich vereidigten Sachverständigen für die Dauer von fünf Jahren ausgestellt, wobei nach zwei Jahren eine Zwischenbesichtigung zu erfolgen hat. Mit dem Sicherheitszeugnis und der entsprechend qualifizierten Crew darf der Eigner jetzt auch zahlende Gäste an Bord nehmen, sofern der erwirtschaftete Betrag primär dem Erhalt des Schiffes und der Pflege traditioneller Seemannschaft dient.

So weit, so gut, sollte man meinen. Aber wie so häufig liegt das Problem im Detail. Bei dem Sicherheitszeugnis handelt es sich nämlich um eine rein nationale Regelung, die im Ausland keineswegs akzeptiert werden muss. Selbst auf europäischer Ebene gibt es keine verbindliche einheitliche Regelung. Der europäische Dachverband der Traditionsschiffe heißt EMH (European Maritime Heritage). Dort versucht man auf europäischer Ebene darauf hinzuwirken,

Holzteergeruch und Musik. Begleitet von »Sehleuten« und unter Aufbietung aller künstlerischen Facetten feiern die Schiffsleute sich und ihre Schiffe.

dass die nationalen Sicherheitszeugnisse auch in anderen Ländern akzeptiert werden. Dazu wurde das sogenannte MoU (Memorandum of Understanding) geschaffen, eine Vereinbarung, der inzwischen neun europäische Staaten beigetreten sind. Allerdings ist das Memorandum eine relativ unverbindliche Willensbekundung, die – wie das Beispiel Dänemarks zeigt – sehr unterschiedlich ausgelegt bzw. akzeptiert wird. Dänemark verlangt nämlich trotz der Unterzeichnung des MoU für Schiffe mit einer bestimmten Personenzahl an Bord die Einhaltung der SOLAS-Vorschriften und behandelt damit diese Schiffe wie ein ganz normales Passagierschiff. Inzwischen hat man seitens Dänemarks diese Regelung unlängst nochmals revidiert und bezieht sie jetzt primär auf die niederländischen segelnden Charterschiffe, da diese zwar in Holland wie gewerbliche Fahrzeuge behandelt werden, aber nach holländischen Reglements trotzdem nicht SOLAS entsprechen müssen. Noch Fragen?

Auch auf nationaler Ebene gibt es bisweilen Verdruss. Die inzwischen zahlreichen Kontrollen der Wasserschutzpolizei fallen mal rigider, mal etwas toleranter aus – je nach Interpretation des Bemessungsspielraumes. Das führt bisweilen zu unnötigen Kontroversen zwischen Wasserschützern und Traditionsschiffern. Wenn beispielsweise ein Traditionsschiff, das den Vorschriften in vollem Umfang entspricht und alle erforderlichen Abnahmen hat, tagsüber mit einer Hochzeitsgesellschaft hinausgesegelt und anschließend von den Wasserschützern verwarnt wird, weil dieser Anlass sicher nicht dazu geeignet sei, den Gästen maritimes Handwerk zu vermitteln, dann führt das natürlich zu einer Verunsicherung – und zugleich zu Unmut des Betreibers. Diese Unmutsäußerungen fallen leider bisweilen nicht immer in einem sachlichen und einwandfreien Ton aus, was wiederum eine Verhärtung der

Der Museumshafen Flensburg hat eingeladen, und wieder einmal sind alle Schiffe gekommen.

Im Päckchen liegen sie nun in trauter Eintracht nebeneinander.

jeweiligen Position nach sich zieht. Bedauerlicherweise sind dies keine Einzelfälle.
Dass es auch schwarze Schafe in der Szene geben mag oder solche, die sich durch den Traditionsschiffstatus einen geschäftlichen Vorteil erhoffen, will ich gerne glauben. Dennoch sollte man sich hüten, eine ganze Gruppe von Organisationen, Vereinen und Einzelpersonen über einen Kamm zu scheren und ihnen das Leben zusätzlich zu erschweren. Denn der Erhalt eines größeren Traditionsschiffes ist neben den erforderlichen finanziellen Mitteln nur mit einer gehörigen Portion Enthusiasmus möglich. Diese Begeisterung sollte man – im Interesse aller – lieber fördern statt abbauen. Schon hört man Stimmen, die resigniert aufgeben und ihre Schiffe verkaufen wollen. Wenn sie denn einen Käufer finden! Diese Entwicklung kann nicht gewollt sein, weil es auch dem öffentlichen Interesse entgegenläuft. Die Flotte von Traditionsschiffen, die nicht nur aus Segelschiffen, sondern auch aus Dampfschleppern, Eisbrechern, Salondampfern, Feuer-

schiffen usw. besteht, stellt sowohl in ihrer Gesamtheit wie auch in ihrer Individualität ein kulturelles Denkmal dar. Was wären denn die Kieler Woche, die HanseSail in Rostock, die Sail Bremerhaven, die Rum Regatta in Flensburg ohne die Traditionsschiffe? Auch unsere europäischen Nachbarn sind bereits von der Entwicklung betroffen: Eine Veranstaltung mit Dampfschiffen im dänischen Vejle wurde im Sommer 2008 von deutscher Seite aus abgesagt – weil man die Schiffe nicht nach den geforderten SOLAS-Bestimmungen betreiben kann und einen Konflikt mit den dänischen Behörden vermeiden wollte. Beide Seiten – die dänischen Veranstalter wie auch die deutschen Dampfschiffbetreiber samt Crews – waren unglücklich über die Entwicklung, fanden aber kurzfristig keine Lösung des Problems. Traditionsschiffe sind zu einem erheblichen Wirtschaftsfaktor geworden. Die Veranstalter buhlen bisweilen geradezu um die attraktiven Schiffe. Und zu jedem Traditionsschiff gehört eben auch ein mehr oder weniger solventer Eigner – ganz gleich, ob es sich um eine Einzelperson, eine Eignergemeinschaft oder einen Verein handelt. Es bleibt wirklich zu hoffen, dass man sich auf Verwaltungsebene schnell einigt und realistische Rahmenbedingungen schafft, die dann auch auf internationaler Ebene einen ungestörten Schiffsbetrieb ermöglichen. Dazu gehört aber auch, dass die Szene »Feindbilder« abbaut und einen konstruktiven Dialog mit der SeeBG und den Ordnungsorganen sucht.

Obwohl ich nicht mit Chartergästen fahre, habe ich die DAGMAR AAEN für weltweite Fahrt als Traditionsschiff abnehmen lassen. Ich hätte sie auch als Yacht registrieren lassen können, dann wären mir eine Menge Kosten und Verwaltungsarbeit erspart geblieben. Ich möchte aber, dass das Schiff einem Sicherheitsstandard entspricht und demgemäß auch ein Sicherheitszeugnis vorlegen kann. Wenn ich allerdings höre, dass es nach wie vor Abstimmungsprobleme selbst unter den jeweiligen EU-Staaten gibt – ganz zu schweigen von den außereuropäischen Ländern –, dann stellt sich unweigerlich die Sinnfrage. So banal das klingen mag, aber für einige Betreiber von größeren Traditionsschiffen bedeutet dieser Umstand möglicherweise eine Existenzbedrohung, weil die notwendigen Einkünfte zum Erhalt der Schiffe wegbrechen. Sind aber die finanziellen Möglichkeiten erst einmal erschöpft, ist es nur eine Frage der Zeit, bis die ersten Schiffe aus der Fahrt genommen werden oder irgendwo im Ausland verschwinden. Damit hätte man unwiederbringlich etwas zerstört, das in den letzten drei Jahrzehnten mühsam gewachsen ist. Wenn wir nicht aufpassen, drehen wir das Rad der Geschichte wieder zurück – zum Schaden aller!

Die Crews besuchen sich untereinander – auf jedem Schiff gibt es irgendwelche Neuigkeiten zu erzählen. Fast jeder kennt jeden, es ist wie bei einem großen Familientreffen.

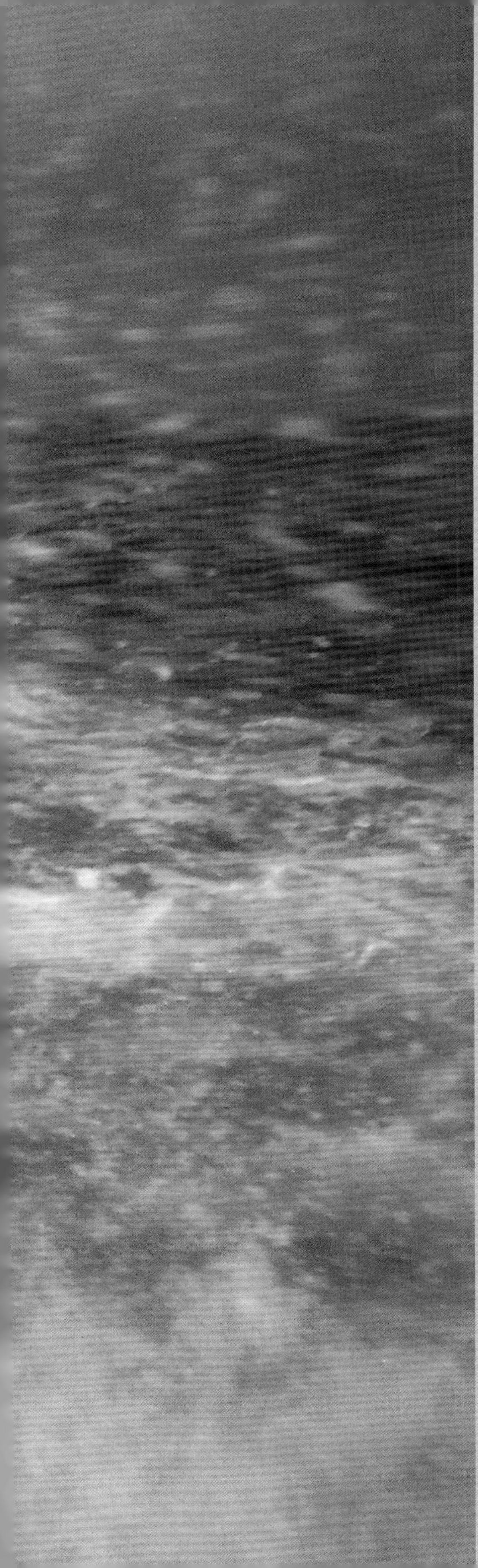

Das Leben an Bord

Besucher, die gelegentlich an Bord der DAGMAR AAEN kommen und den steilen Niedergang nach unten steigen, reagieren spätestens unter Deck oft verwundert: »Ich habe mir das Schiff viel größer vorgestellt!« Bedingt durch die solide Bauweise bietet das Schiff tatsächlich weit weniger Innenraum als eine vergleichbare Yacht, die weder massive Spanten noch eine Innenbeplankung hat. Da wir zudem aus Stabilitätsgründen auf Deckhäuser verzichtet haben, ist das Platzangebot insgesamt nicht gerade üppig. »Wo schlaft ihr denn eigentlich?«, ist meist die nächste Frage, da auf den ersten Blick keine Kojen zu entdecken sind. Erst beim Öffnen der kleinen Schiebetürchen, hinter denen sich die an der Bordwand angeordneten Kojen befinden, weicht die anfängliche Neugier einem tiefen Erstaunen. Dies ist der Moment, in dem sich die interessierten Besucher regelmäßig in zwei Kategorien teilen: Die einen sagen: »Och – ist das aber gemütlich«, während die

Kein Seemann freut sich über einen Sturm. Bisweilen ist er aber unausweichlich. Dann kommt es darauf an, dass man ein grundsolides Schiff hat – und eine Crew, die Herr der Situation bleibt.

Die DAGMAR AAEN auf Abwegen. Tropische Idylle auf dem Mopelia-Atoll im Südpazifik. Keine Frage – auch die Tropen haben ihre Reize, und irgendwann werden wir sicher wieder irgendwo unter Kokospalmen ankern (vorhergehende Doppelseite).

Ob beim Vorbereiten des Abendessens oder beim Backgammonspiel – das ganze Leben spielt sich auf engstem Raum und immer in der Gemeinschaft ab. Soziale Kompetenz ist eine wichtige Voraussetzung für jedes Crewmitglied.

anderen sich mit Entsetzen abwenden und erschrocken ausrufen: »Das ist ja wie ein Sarg!« Zugegeben – viel Platz bieten die Kojen nicht. Wer unter Klaustrophobie leidet, wird wohl kaum an Bord anmustern. Allen anderen genügt das Platzangebot vollauf. Die Dagmar Aaen hat insgesamt zwölf Kojen. Das ist zugleich auch die maximale Personenzahl, die auf eine Reise geht. In der Regel sind wir aber nie mehr als zehn Personen, wobei die freien Kojen als Stauraum genutzt werden. Die Art der Kojenanordnung stammt aus der Fischerei und wurde von uns übernommen. Der Vorteil dieser kleinen Alkovenkojen besteht darin, dass zum einen bei Seegang keiner rausfallen kann – was sonst durchaus möglich und wahrscheinlich wäre – und zum anderen, dass man auf diese Art und Weise ein Minimum an Privatsphäre sein Eigen nennen kann. Wer wochen- und monatelang auf engstem Raum leben und arbeiten muss, der genießt die eigene Koje, in der es Ablagen und Leselampe gibt, Bilder von zu Hause, Talismane, Süßigkeiten und andere private Mitbringsel. Jeder richtet sich seine Koje ganz nach Belieben ein, und wenn er ungestört sein will, dann macht er eben die Türchen zu. Keiner wird ihn dann stören. Natürlich hört man trotzdem, was gesprochen wird. Man kann sich dem allgemeinen Geschehen an Bord eines so kleinen Schiffes unmöglich entziehen! Aber das Gefühl der Privatsphäre bleibt und wirkt ganz nachhaltig. Es ist die Schutzburg, in die sich jeder zurückziehen kann, um zu lesen,

Während die einen essen, steigt ein anderer aus seiner Koje, um sich für die nächste Wache fertig zu machen.
Auch wenn das Schiff über moderne elektronische Seekarten verfügt – Papierkarten fahren zur Sicherheit auf jeder Reise mit.

Musik zu hören oder einfach nur seinen Gedanken nachzuhängen.
Zu jeder Koje gehört ein Schapp (ein Schrank), in dem die persönlichen Ausrüstungsgegenstände verwahrt werden. Außer den Seestiefeln und dem Ölzeug muss alles darin verstaut werden. Es wird eiserne Ordnung gehalten, um den eng bemessenen Wohnraum immer wohnlich und gemütlich zu halten. Herumliegende Socken oder T-Shirts wandern über kurz oder lang in den Beutel mit Putzlappen für den Maschinenraum. Das weiß und akzeptiert jeder, deshalb ist es unter Deck immer aufgeräumt.
Jeden Tag gibt es einen Backschafter. Diese unglückliche Person muss dem Smut nicht nur gelegentlich in der Kombüse helfen, sondern zugleich auch das im Laufe des Tages anfallende Geschirr spülen. Damit nicht genug. Er oder sie muss auch noch das gesamte Schiff fegen und wischen, die WCs und die Waschbecken reinigen sowie andere Haushaltsarbeiten erledigen – neben der eigentlichen Wache, versteht sich. Kein sehr populärer Job, aber einer, der von allen ohne Murren getätigt wird.
Wir gehen in der Regel ein Dreiwachensystem. Eine

Wache besteht meistens aus zwei Personen, dem Wachführer und einem Crewmitglied, das ihm zur Seite steht. Lediglich bei Fahrten im Eis sind stets drei Personen an Deck, da auch der Ausguck in der Eistonne im Mast besetzt sein muss. Die erste Wache beginnt um Mitternacht und endet um 4:00 Uhr morgens. Spätestens fünf Minuten vor vier zieht die

Torsten Heller hat es sich in seiner Koje gemütlich gemacht. Jeder an Bord braucht ein Rückzugsgebiet, in dem er sich regenerieren kann – bei uns ist es ein Raum von circa 190 x 65 x 60 cm: die eigene Koje.
Falk Mahnke bereitet in der Pantry eine Mahlzeit vor.

neue Wache an Deck auf, orientiert sich, prüft die Segelstellung, Wind und Wetter und wird dann im Rahmen der Wachübergabe von der abziehenden Wache in alle relevanten Dinge eingewiesen. Danach heißt es »Gute Wache«, und die neu angetretene Deckscrew grüßt mit einem »Gute Ruh!« zurück. Sie übernimmt die Wache bis 8:00 Uhr morgens, um dann ihrerseits von der Acht-bis-zwölf-Wache abgelöst zu werden. Dieser Ablauf ist der Normalfall. Wenn es aber weht und stürmt, kann es sein, dass die Freiwache noch eine Weile an Deck beschäftigt ist, weil gemeinsam mit der aufziehenden Wache gerefft oder eventuelle Segelmanöver gefahren werden müssen. Kommt man dann müde und durchgefroren unter Deck, scheint es, als tauche man in eine friedfertigere Welt ein, als es das stürmische Wetter draußen vermittelt hat. Im Mittschiff sind die Schiffsbewegungen deutlich ruhiger. Es ist warm und trocken, auf dem Herd steht ein Kessel mit heißem Wasser, um sich einen Tee oder Kaffee machen zu können, die Geräusche von draußen sind hier unten gedämpft. Die Regenerationsphase setzt unmittelbar ein. Im Vorschiff, wo auch ich meine Koje habe, sieht es meist etwas anders aus. Zwar ist es auch dort warm und trocken, aber die Schiffsbewegungen sind dort viel heftiger zu spüren als im Mittschiff. Das permanente Fahrstuhlfahren ist nichts für schwache Mägen, deshalb neidet auch niemand aus dem Mittschiff den »Vorschiffleuten« ihre Kojen. Wir, die wir dort vorn leben, genießen aber das bisschen Mehr an Privatsphäre – sind wir doch maximal vier Personen im Gegensatz zu den sechs, die im Mittschiff unterkommen müssen.

Aus Sicherheitsgründen ist die Dagmar Aaen in drei wasserdichte Segmente unterteilt worden. Aus diesem Grund kann man unter Deck nicht von vorn nach achtern gelangen, sondern muss jedes Mal, wenn man vom Mittschiff ins Vorschiff will, über Deck gehen. Bei schlechtem Wetter bedeutet das, dass man sein komplettes Ölzeug samt Schwimmweste und Lifebelt anziehen muss, um die paar Meter über Deck zu bewältigen. Das ist besonders dann lästig, wenn man eigentlich nur mal auf Klo möchte. Bis vor einigen Jahren gab es nur ein einziges Klo, und das stand im Mittschiff. Wer also nachts bei Sturm und Kälte im Vorschiff das Örtchen aufsuchen wollte, musste sich wohl oder übel komplett anziehen. Nach dem kühlen Gang zur Toilette war man meistens hellwach. Aus diesem Grund haben wir uns 2006 den Luxus erlaubt, im Vorschiff ein eigenes Klo zu installieren, was dem Vorschiff jetzt das Attribut »1. Klasse« eingebracht hat.

Achtern befinden sich der Navigations- und, davon abgetrennt, der Maschinenraum. Die Navigations- und Kommunikationseinrichtung ist 2008 komplett erneuert und auf den neuesten technischen Stand gebracht worden. Hier wirkt unser Traditionsschiff fast ein wenig futuristisch – Computerbildschirme und modernste Technik bestimmen das Bild. Aber das sind notwendige Zugeständnisse an den Einsatzbereich des Schiffes. Wenn die DAGMAR AAEN im äußeren Erscheinungsbild auch ein klassisches Segelschiff geblieben ist, so befindet sich unter Deck doch jede Menge Hightech.

Das Schiff ist so gestaltet, dass wir monatelang völlig autark fernab jeglicher Häfen oder Nachschub operieren können. Durch einen Wassermacher können wir aus Seewasser eigenes Frischwasser produzieren, einzig die Dieselvorräte begrenzen den Aktionsradius. Denn selbst wenn gesegelt wird, verbraucht man Diesel zum Heizen oder für die Stromerzeugung. Da wir aber mehr als 4500 Liter mitführen können, reicht auch das für eine lange Zeit.

Jeder Quadratzentimeter des Schiffes ist verplant und genutzt, für Schnickschnack oder überflüssige Dinge ist kein Raum. Die DAGMAR AAEN ist auch in ihrem zweiten Leben ein Arbeitsschiff geblieben und nicht zum Freizeitboot mutiert. Funktionalität und Sicherheit stehen an erster Stelle. Nur so lassen sich diese Art von Reisen, die das Schiff in den vergangenen 20 Jahren zurückgelegt hat, bewältigen.

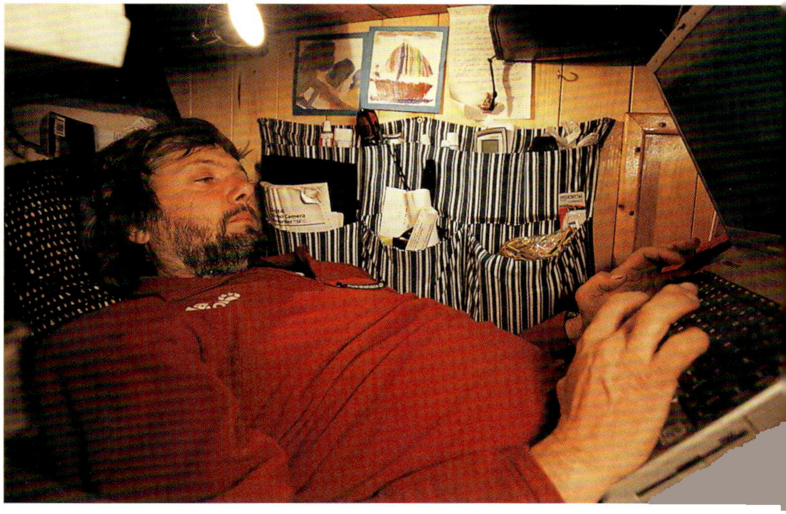

In der Koje liegend, tippe ich einen Bericht in den Laptop. Traditionelle Seemannschaft und Hightech müssen sich nicht ausschließen.
Eine Dusche gibt es nicht an Bord, dafür aber zwei kleine Waschräume mit WCs.

Vorsichtig manövrieren wir durch etwa 2,50 Meter dicke Eisschollen. Da dem Rudergänger die Sicht nach vorn versperrt ist, steht ständig ein Crewmitglied im Bug und gibt ihm Zeichen, wie er zu steuern hat (folgende Doppelseite).

Jack Wolfskin

Die Reisen der Dagmar Aaen seit 1991

Während ich schreibe, blicke ich immer wieder zu meinem Bücherregal rüber, in dem etwa eineinhalb Meter Logbücher – sozusagen das in nüchternen Worten und Zahlen niedergeschriebene Extrakt aus 20 Jahren Schiffsgeschichte – stehen.
Sie sind eines meiner wertvollsten persönlichen Besitztümer, denn die Lebensgeschichte der Dagmar Aaen ist eng mit meiner eigenen verknüpft. Sobald ich eines der Logbücher in die Hand nehme, den charakteristischen Duft rieche, es aufschlage und einen Eintrag lese, läuft in mir eine Zeitreise ab. Plötzlich stehe ich wieder an Deck und erlebe erneut, wie 1993 etwa 100 Seemeilen südlich des grönländischen Kap Farvel während eines eisigen Oststurms wie aus dem Nichts eine Kreuzsee einsteigt und das komplette Schiff samt der Wache an Deck unter sich begräbt. Als das Wasser durch die Speigatten abgelaufen ist, ist mit dem Wasser alles von Deck verschwunden, was nicht sorgfältig genug gelascht war. Die Dagmar Aaen indessen hat diese Sturzsee nicht beeindrucken können. Unbeirrbar steuerte sie ihren Kurs vor den hohen und steilen Seen – so als sei dies für einen Nordseekutter die natürlichste Sache der Welt.

Rauschefahrt durchs Skagerak. Auf unserer Rückreise von Ostgrönland im Herbst 2006 laufen wir unter gerefftem Groß sowie Fock und Klüver zeitweilig über 9 Knoten.

Nach der Sturmfahrt in einem sicheren Hafen auf den Färöern. Wir sind nass, müde, salzverkrustet und ungewaschen – aber in allerbester Stimmung. Das Festmacherbier haben wir uns wirklich verdient.

Ein anderes Logbuch berichtet über die dramatischen Stunden, die wir 1994 in der sibirischen De-Long-Straße durchlebten, als wir vom Sturm und Packeis in die Zange genommen wurden und nirgendwo im Umkreis von Hunderten von Meilen irgendein Schutzhafen zu finden war. Der Moment, als wir zur Sicherheit das Feuer in den Öfen löschten, um der Brandgefahr vorzubeugen, oder das durch Mark und Bein gehende Knirschen, als das Eis ein Drittel des Ruderblattes abriss und gleichzeitig die mechanische Ruderanlage komplett zerstörte – als wäre sie nicht aus massivem Stahl, sondern aus Knetgummi geformt –; die Minuten, in denen eine Eisscholle eine Planke unter unvorstellbarem Druck eindrückte, die Planke aber sogleich in ihre alte Position zurückschnellte, sodass nicht einmal Wasser eindrang; und letztlich der Augenblick, als das Schiff sich, vom Druck des Eises herausgehebelt, seitlich auf das Eis legte und somit der Zerstörung entging – all das steht wieder vor mir. Fast zwei Wochen lebten wir damals mit der Furcht, das Schiff nicht heil aus der eisigen Umklammerung zu bekommen. Als es endlich gelang, lagen noch 3000 Seemeilen durch die stürmische Beringsee und den Nordpazifik vor uns, bevor wir Victoria auf Vancouver Island erreichten, wo wir unsere Wunden lecken konnten. Die ganze Strecke mussten wir mit der Notpinne steuern. Aber dieser Umstand irritierte uns nicht einmal – wir waren weit Schlimmerem entgangen, nämlich der Zerstörung in den Eispressungen … Es ließen sich viele solcher dramatischen Situationen auflisten. Die Fahrt durch einen der chilenischen Fjorde etwa, wo wir 1995 nachts bei über 90 Knoten Wind bei völliger Dunkelheit und hohem Seegang sowie ohne jede Sicht nur unter Radar an Klippen und Felsen vorbeizirkeln mussten. Unser Ziel war der kleine Hafen Chacabuco, der am Ende des Fjordes liegt. Bei immer noch 60 Knoten Wind mussten wir uns durch Muringtonnen und unbeleuchtete Fischerboote hindurchlavieren, bevor wir schließlich bei einem Fischkutter längsseits gehen konnten. Das alles bleiben unvergessene Momente, die Schiff und Mannschaft zusammenschweißen.

Stürme, Eis und unvermessene Fjorde und Seegebiete haben immer wieder den ganzen Einsatz der Crew gefordert. Wie die Grundberührung in der Nordwestpassage 2004, wo es laut Seekarte 50 Meter tief sein sollte, aber ein bislang unentdecktes Riff das Schiff bei 1,80 Meter Wassertiefe mit sieben Knoten auflaufen ließ. Nach einer Stunde hatten wir das Schiff wieder frei – ohne dass sie irgendeinen Schaden genommen hätte. (Das Riff ist übrigens seitdem in den Seekarten verzeichnet.) Das alles ist in den Logbüchern verbrieft. Sie sind die sachliche Aufarbeitung der Reisen, eine Art Buchhaltung. Emotionen finden darin nur selten ihren Niederschlag. Aber ich brauche nur eine Seite aufzuschlagen, um sofort mitten im Geschehen zu sein. Ich kann zwischen den Zeilen lesen, weiß noch, wie ich mich jeweils fühlte, habe die Gesamtsituation sofort und unmittelbar wieder vor meinem geistigen Auge.

Meine Frau Brigitte Ellerbrock, die das Projekt DAGMAR AAEN *von der ersten Minute an mitgetragen hat. Ohne sie hätte ich es nie geschafft!*

Es gab zum Glück nicht nur dramatische Erlebnisse – das könnte ja keiner aushalten. Die angenehmen überwiegen durchaus. Die Harmonie und der Einklang, die man zwischen der Natur, der Crew und dem Schiff verspürt, wenn man etwa in einem ostgrönländischen Fjord segelt und das intensive Gefühl hat, zur richtigen Zeit am richtigen Platz zu sein. Dazuzugehören. Der grönländische Fjord, das gesamte Erlebnis wäre ohne die schwierige Anreise nicht dasselbe. Die polynesische Inselwelt zu durchsegeln, wenn hinter einem schwierige Passagen liegen, hat eine viel intensivere Wirkung, als wenn man aus dem Flugzeug klettert und auf ein Charterboot

steigt. Die An- und Abreise ist immer Teil des Ganzen. Ich glaube, dass man sich die positiven Erlebnisse erarbeiten muss, und dazu gehören eben die An- und Abreise – sowie bisweilen kritische Momentaufnahmen.
Die harte Beanspruchung des Schiffes im Rahmen der Expeditionsreisen macht es erforderlich, dass das Schiff ständig und regelmäßig auf der Werft von Christian Jonsson gewartet und überholt wird. Im Laufe der Jahre sind auf diese Art und Weise auch nach der großen Grundüberholung von 1990 etliche Planken ausgetauscht worden, die Relingstützen sind allesamt erneuert – eine Aufzählung, die ich quasi endlos fortsetzen könnte. Ein Holzschiff wird permanent runderneuert, nur so lässt sich die Substanz erhalten. Zudem gibt es ständig Verbesserungen an der Schiffsstruktur. Ich kann wohl mit Fug und Recht sagen, dass die DAGMAR AAEN heute mit Sicherheit noch robuster und stabiler ist, als sie es jemals zuvor in ihrem Werdegang gewesen ist. Allein der Umstand, dass wir im gesamten Vorschiffbereich die Zwischenräume mit zusätzlichen Spanten ausgefüllt sowie eine verstärkte und zusätzliche Innenbeplankung eingezogen haben, hat dem Schiff eine einzigartige Festigkeit verliehen. Außenbeplankung, Spanten und Innenbeplankung bilden ein Ganzes – etwa 25 cm Wandstärke. Das ganze Vorschiff besteht also aus massivem Eichenholz, das zudem durch eine Außenhaut aus Aluminium sowie eine stählerne Stevenverstärkung geschützt ist. Analog dazu ist natürlich auch der Rest des Schiffes den Proportionen und der Beanspruchung entsprechend verstärkt worden. Das alles hat sein Gewicht: Die DAGMAR AAEN wiegt heute leer etwa 74 Tonnen – für ein Schiff dieser Größe ist das sehr viel. Aber das befähigt sie eben auch, im Packeis zu fahren und im Eis zu überwintern. Ihrer Seetüchtigkeit hat das in keinster Weise Abbruch getan. Im Gegenteil. Das Schiff ist dicht und robust, und die von einem Schiffbaukonstrukteur durchgeführten Stabilitätsberechnungen und Krängungsversuche beweisen auch rechnerisch, was das Schiff in der Praxis immer wieder unter Beweis gestellt hat: Ein gut gebauter Haikutter kann auf allen Weltmeeren fahren.
Ohne Übertreibung darf ich wohl sagen, dass kein vergleichbares Schiff so umfangreich und andauernd die polaren Routen befahren hat wie die DAGMAR AAEN. Sie ist das erste Schiff überhaupt, das aus eigener Kraft und ohne Eisbrecherunterstützung sowohl die Nordwestpassage als auch die Nordostpassage durchfahren und damit quasi den Nordpol umrundet hat – sozusagen die erste Weltumsegelung auf der wahren Nordroute. Da sie zudem die Nordwestpassage gleich zweimal durchsegelt hat und mehrfach in der sibirischen Arktis war, hat sie diese Nordroute schon fast zweimal gemeistert – übrigens lange bevor es anderen Booten gelang. Heute, im Zeitalter der Klimaerwärmung, sind die Passagen geradezu zu einer Art Kinderspiel geworden. 2008 ist die Nordwestpassage zum zweiten Mal in Folge eisfrei, desgleichen die Nordostpassage. Beide Passagen zugleich eisfrei – das hat es seit Menschengedenken noch nicht gegeben. 2003/2004 mussten wir noch in der Nordwestpassage überwintern, weil es einfach kein Durchkommen durch das Eis gab. Heute, nur vier Jahre später, ist selbst die Nordroute nahezu eisfrei. Alarmierende Signale! Die Passagen sind heute zu einer Bagatelle verkommen und damit natürlich auch ihres jahrhundertealten Mythos beraubt worden. Ich bin froh, dass wir die Passagen noch in ihrer Ursprünglichkeit erlebt haben, mit allen daraus resultierenden Schwierigkeiten und Konsequenzen. In all den Jahren, die wir mit der DAGMAR AAEN die Weltmeere befahren, ist sie immer weiter strukturell verbessert worden. Sie ist heute ein stärkeres Schiff als bei ihrer Indienststellung. Von Seemüdigkeit also keine Spur. Jedes Jahr durchläuft sie die Werft und wird für die neuen Fahrtgebiete vorbereitet und aus-

gerüstet, sie verfügt über modernste Navigations- und Kommunikationsausrüstung. Das Wesen des Schiffes hat sich bei allen Baumaßnahmen jedoch genauso wenig verändert wie die Philosophie, die hinter dem Betrieb des Schiffes steht. Die DAGMAR AAEN ermöglicht uns auf unseren Reisen ein größtmögliches Maß an Unabhängigkeit. Und sie ist – um den Gedanken vom Anfang dieses Buches aufzugreifen – für mich weit mehr als ein Transportmittel. Ohne dieses Schiff hätte es zahlreiche Erlebnisse nicht gegeben, wären viele Freundschaften nicht geschlossen worden. Mein Leben wäre in anderen Bahnen – und vermutlich ein wenig eindimensionaler – verlaufen.

»Herbert Welle« kommt an Bord. Damit hat in dem Moment keiner gerechnet – nur selten kündigt er seinen Besuch vorher an!

Dieses Schiff hat Unsummen an Geld und Arbeitsstunden verschlungen, aber sie ist jeden Cent, jede einzelne Mühe und Sorge und jeden Tropfen Schweiß wert gewesen. Sie nimmt eben nicht nur, sondern sie gibt noch mehr zurück. Das nenne ich eine glückliche Zweckgemeinschaft.
Wann immer wir im Hafen loswerfen, ist das für mich ein Akt von höchster Symbolkraft. Dieses Loswerfen der Leinen ist zugleich ein Loslassen von eingefahrenen Gewohnheiten, von Routine, vom

Nur unter Trysegel segelt die DAGMAR AAEN im südlichen Ozean unweit der Antarktischen Halbinsel.

unbändigen Sicherheitsdenken, das unserer Gesellschaft eigen ist. Es beinhaltet einerseits die Freude und Spannung auf das, was kommt, und andererseits eine große Wehmut über die Trennung von der Familie, von Freunden, von liebgewordenen Gewohnheiten. Eine eigenartige Mischung. Aber erst wenn man bestimmte Dinge einmal vermisst hat, weiß man um deren Stellenwert. Für mich ist es ein geradezu magischer Moment, wenn das Schiff von der Pier abklappt, langsam Fahrt aufnimmt und den Bug seewärts richtet. Das ist der Beginn einer neuen Reise, aber – was viel wichtiger ist – auch der Beginn eines neuen, abwechslungsreichen und spannenden Lebensabschnitts.

Einmal auf See, separiert das Schiff die wesentlichen von den unwesentlichen Dingen des Lebens. Beim Segeln richtet sich der Fokus unweigerlich auf das Unmittelbare, das Naheliegende. Die vermeintlich wichtigen Dinge des Arbeitsalltags treten angesichts eines bedrohlichen Wetterberichts, einer Gewitterfront oder driftender Eisfelder in den Hintergrund. Gelebt wird der Moment, gefordert werden die Sinne und Instinkte; Probleme werden gemeistert und die stillen Momente genossen.

Deshalb ist und bleibt die DAGMAR AAEN auch unverkäuflich. Solange dieses ausgewogene Gleichgewicht zwischen Schiff und Eigner Bestand hat, wird sie zu neuen entfernten Zielen aufbrechen – immer wieder. Und ich hoffe, dass wir noch viele gemeinsame Jahrestage feiern werden – die DAGMAR AAEN und ich!

Die DAGMAR AAEN während der Überwinterung im Scoresbysund/Ostgrönland im Frühjahr 1998. Die Sonne ist nach der polaren Nacht zwar wieder da – es bleibt aber noch monatelang eisig kalt. Erst im Juli gibt das Eis das Schiff wieder frei.

Von der Rah aus betrachte ich im Sommer 1997 die Eislage im Scoresbysund. Es müssen bisweilen schnelle Entscheidungen getroffen werden, wie der weitere Kurs des Schiffes verlaufen soll (folgende Doppelseite).

Anhang

Schiff und Ausrüstung

Baujahr: 1931

Bauwerft: N. P. Jensen Werft in Esbjerg, Dänemark

Baumaterial: 6 cm Eichenplanken auf Eichenspanten, für die Eisfahrt zusätzlich gedoppelte Spanten mit Innenbeplankung, Eishaut aus bis zu 6 mm Aluminium. Steven und Kiel mit bis zu 3 cm Stahl verstärkt.

Deck: Oregon Pine

Mast und Stenge: 22 m Gesamthöhe, Douglasie

Lüa: 24 m

Rumpflänge: 17,95 m

Breite: 4,80 m

Tiefgang: 2,50 m

Segelfläche: 220 m^2

Segel: 1 Großsegel mit 3 Reffreihen,
Vorsegel: Sturmfock,
Fock Nr. 1, Fock Nr. 2
Klüver, Ballonklüver
Flieger
Toppsegel
Trysegel

Material: Dacron

Maschine: Callesen-Diesel Typ 425 CO,
3 Zylinder 4 Takt
180 PS bei 500 U/min auf
zweiflügligem Verstellpropeller

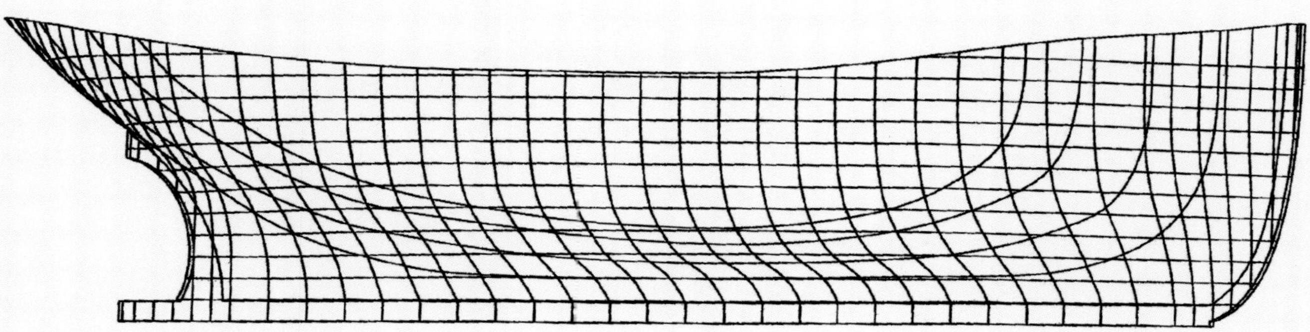

Stromerzeugung: 1 Dieselgenerator PANDA
12 kW, 220/380 V
1 Dieselgenerator 2 kW, 24 V
zum Laden der Bordakkus.

Tankkapazität: 4500 l Diesel, verteilt auf
5 Tanks zzgl. Tagestank
Frischwasser: 450 l, verteilt
auf 2 Tanks.
1 Wassermacher Katadyn
Modell MROD-160 E
25 l/Std.

Navigation: Radar Furuno FR 8062
GPS GP-150
GPS-Satelliten-Kompass SC-50
Echolot FCV-667
AIS Interface IF-1500 AIS
Navtex Fastnet Radio
Wetterfax Furuno F-408

Elektronische Seekarten: TRANSAS, weltweite
Abdeckung

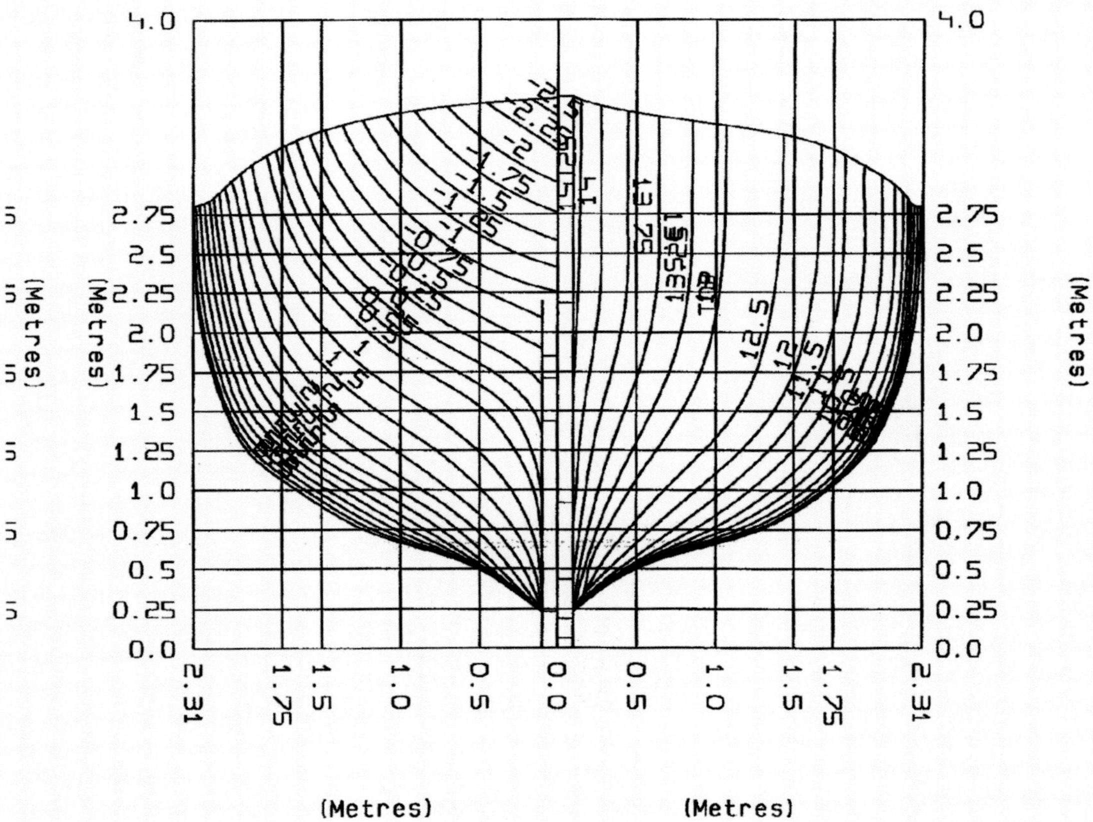

Kommunikation: komplett Thrane & Thrane:
Inmarsat C TT-3606 Message Terminal
Alarm Panel Sailor AP 5042
Drucker Sailor H 1252A
FBB Fleet Broadband Sailor 500/250
Iridium Sailor SC 4000
SSB/HF Sailor System 5000 MF/HF 150 W
VHF (2 Geräte) Sailor RT 5022
VHF GMDSS Handhold Sailor SP 3520

Sicherheit: 1 Rettungsinsel 12 Personen
DSB LR 86 – Solas 86
14 Rettungswesten Secumar Survival 150 mit Sprayhood
EPIRB Sailor SE 406 II
SART II Transponder Sailor

Abnahme: Sicherheitszeugnis für Traditionsschiffe
weltweite Fahrt A 3

Die Bernsteinkette

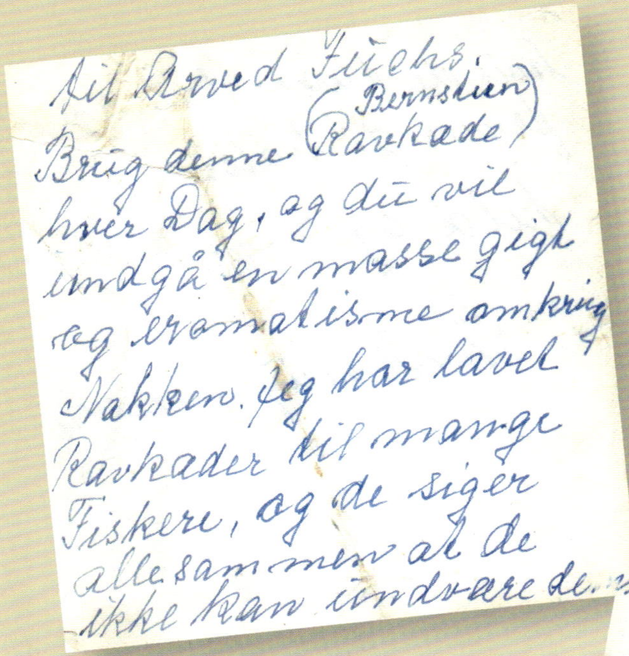
til Arved Fuchs.
Brug denne Ravkade (Bernstien)
hver Dag, og du vil
undgå en masse gigt
og rromatisme omkring
Nakken. Jeg har lavet
Ravkader til mange
Fiskere, og de siger
allesammen at de
ikke kan undvære den.

2.
hvis de tager den af
fryser de halsen.
held og Lykke.
Thor Krarup Jensen

Für Arved Fuchs,

trage diese Bernsteinkette jeden Tag und du wirst eine Menge Gicht und Rheumatismus im Nacken vermeiden. Ich habe Bernsteinketten für viele Fischer gemacht, und sie sagen alle, dass sie sie nicht entbehren können. Wenn sie sie abnehmen, frieren ihre Hälse.

Viel Glück
Thor Krarup Jensen

Ein Brief von Gudrun Aaen

Gudrun Aaen Nielsen – die Tochter von Dagmar Aaen – war bereits eine alte Dame, als ich sie kennenlernte. Ich habe sie regelmäßig über die Reisen der DAGMAR AAEN informiert, und sie hat zeit ihres Lebens genauso regelmäßig geantwortet.

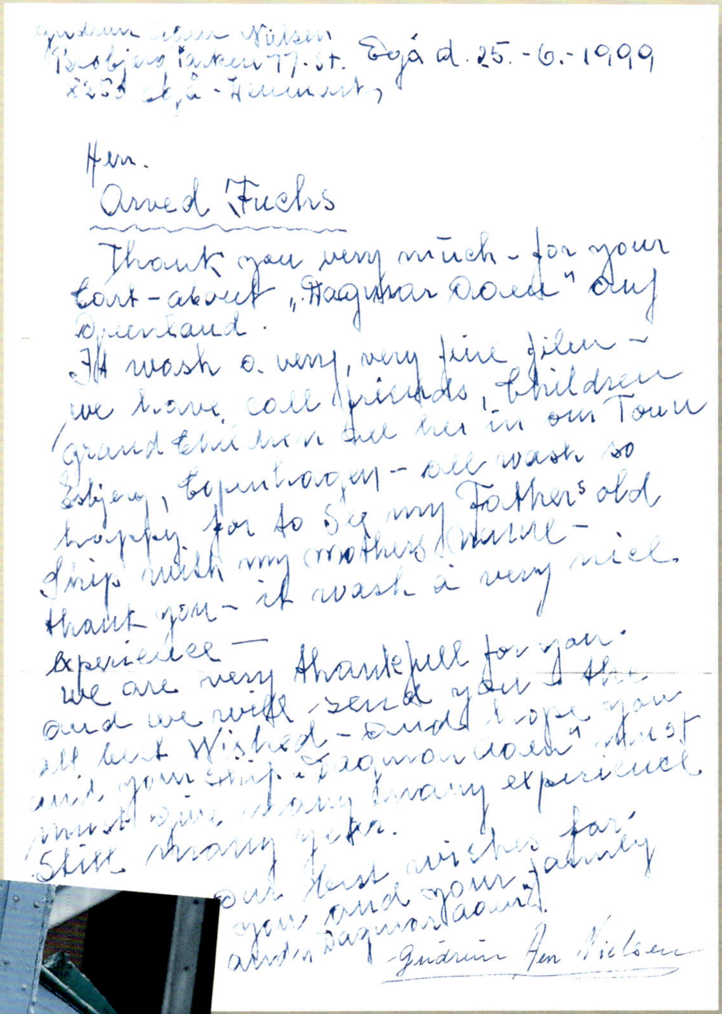
Gudrun Aaen Nielsen
Esbjergparken 77. st. Egå d. 25.-6.-1999
8250 Egå - Danmark,

Hen.
Arved Fuchs

Thank you very much - for your
Cort - about „Dagmar Aaen“ auf
Grønland.
It wash a very, very fine film -
we have all friends, children
grand children tell her in our Town
Esbjerg, Copenhagen - all wash so
happy for to se my Father's old
ship with my mothers name -
thank you - it wash a very nice
experience -
We are very thankfull for you
and we will send you the
all best Wished - and hope you
and your ship „Dagmar Aaen“ must
must give many many experience
still many year.
our best wishes for
you and your family
and „Dagmar Aaen“.
Gudrun Aaen Nielsen

Thor Krarup Jensen, der letzte Kapitän, der mit der DAGMAR AAEN von Esbjerg aus gefischt hat. Er übergab mir die Bernsteinkette mit dem handschriftlichen Zettel. Anschließend spuckte er mir über die Schulter und schlug mir heftig auf den Rücken. Die Kette trage ich noch heute jedes Mal, wenn ich an Bord gehe.

Reiserouten der Dagmar Aaen

1988 Erste Reise nach Helgoland

1989 Testreise nach Porto

1991 Icesail
Ab Hamburg über Spitzbergen, Franz-Josef-Land bis Osten Karasee, dann nach Igarka/Sibirien zur Überwinterung

1992 Icesail
Erkundung Sibiriens: Kurejka-Fluss, Swetlogorsk, an der Küste bis zum Nordenskiöld-Archipel, Umkehr nach Tromsø zur Überwinterung

1993 Icesail / Erste Durchfahrung der Nordwestpassage
Jan Mayen, Island, Westgrönland bis Thule, Nordwestpassage bis Dutch Harbor/Alëuten zur Überwinterung

1994 Icesail
Dutch Harbor/Alëuten, Vancouver, Inside Passage, Dutch Harbor/Alëuten, St-Lawrence-Insel, Prowidenija bis De-Long-Straße/sibirische Nordküste, Schiff in Eispressungen schwer beschädigt, Umkehr via Dutch Harbor nach Victoria/Kanada zur Überwinterung

1995 Sea, Ice & Mountains
Von der Westküste Kanadas über San Francisco, Hawaii, Französisch-Polynesien, Pitcairn, Osterinseln und die chilenische Westküste bis Kap Hoorn, Jahreswechsel in Puerto Williams

1996 Sea, Ice & Mountains
Umrundung Kap Hoorns, Staateninsel, Montevideo, Rio de Janeiro, Azoren, Europa, Hamburg

1997 Arctic Passages
Schottland, Norwegen (Tromsø), Spitzbergen, Ostgrönland (dort Überwinterung)

1998 Arctic Passages
Ostgrönland, Island, Bergen (Norwegen), Helgoland, Hamburg

1999 Erprobungsreise nach Schottland, danach Antarktisreise
Via Kanarische Inseln, Kapverden, Uruguay nach Ushuaia/Argentinien

2000 Shackleton, Antarktis
Antarktische Halbinsel, Südgeorgien, Kap Hoorn, Falklandinseln, Rückreise nach Flensburg

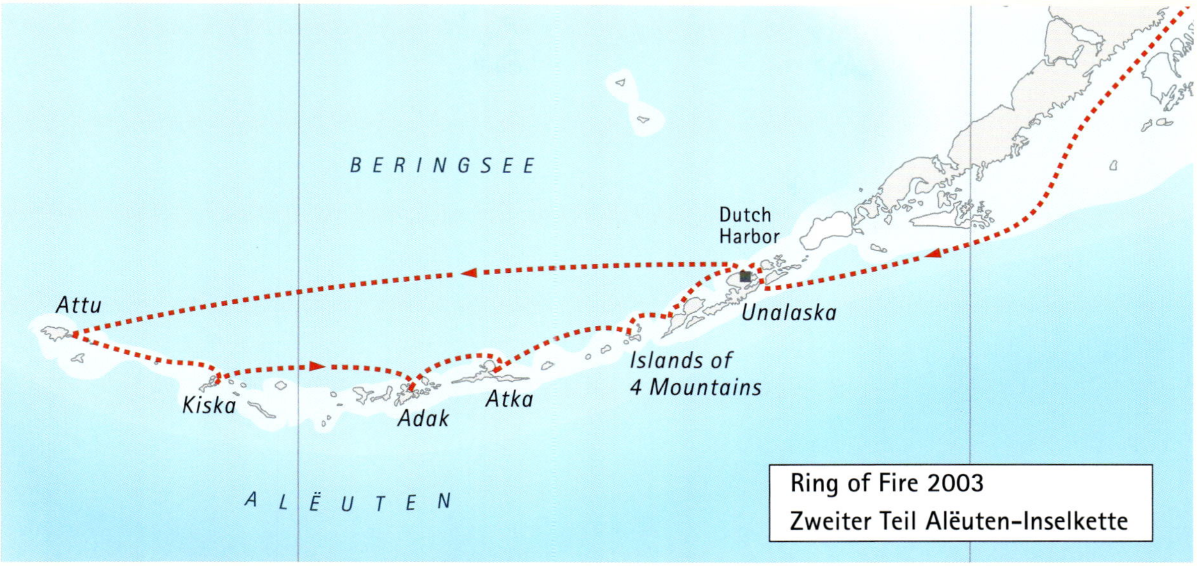

2001 Ostseereise
Klaipeda, Tallinn, St. Petersburg, Helsinki, Stockholm, Flensburg

2002 Testfahrt Norwegen/ Durchfahrung der Nordostpassage
Flensburg, Oslo, Fredrikstad, Flensburg/ Flensburg, Norwegen, Nowaja Semlja, Sibirien, Wrangel-Insel, Tschukotka, Sitka/Alaska

2003 Ring of Fire
1. Teil Alëutenexpedition, im 2. Teil Durchfahrung der Nordwestpassage bis Cambridge Bay, dort Überwinterung

2004 Expedition Icebound: Durchfahrung der Nordwestpassage in West-Ost-Richtung
Cambridge Bay, Nordwestpassage, Pond Inlet, Sisimiut/Westgrönland, Island, Shetland-Inseln, Hamburg

2005 Ausbildungsreise nach Schweden, Norwegen und zurück

2006 Grönland, Ostküste
Shetlandinseln, Lofoten, Island (Húsavík), Ostgrönland, Kong-Oscar-Fjord, Angmassalik, Island (Reykjavík), Shetland, Norwegen, Flensburg

2007 Spitzbergen, Eiskante bis auf 82° nördlicher Breite
Flensburg, Norwegen (Ålesund,Tromsø), Spitzbergen (Longyearbyen), Spitzbergen rund, Bäreninsel, Tromsø, Ålesund, Flensburg

2008 Schottland, Irland, Frankreich (Brest), Flensburg

Danksagung

Ein Schiff wie die DAGMAR AAEN zu erhalten erfordert den Einsatz vieler Freunde, Helfer und Partner, die gar nicht alle namentlich erfasst und genannt werden können. Ohne euren Einsatz, ohne die zahllosen Arbeitsstunden, die meist bei kaltem und windigem Wetter abgeleistet werden, ohne eure Unterstützung hätte ich das Schiff nicht in den technisch perfekten Zustand versetzen können, der Voraussetzung dafür ist, die schwierigen polaren Routen sicher zu durchsegeln. Euch allen möchte ich herzlich danken, denn ohne euch wäre die DAGMAR AAEN nicht das, was sie heute ist!

Folgenden Firmen und langjährigen Wegbegleitern möchte ich besonders für die vertrauensvolle Zusammenarbeit danken:

- Jack Wolfskin
- Globetrotter Ausrüstungen
- Christian Jonsson, »Skibs & Badebyggerie«
- Thrane & Thrane
- Gleistein Ropes
- Relius Farben
- Secumar
- K&M Rettungsinseln Cosalt GmbH
- Segelwerkstatt Stade
- Katadyn
- Transas Elektronische Seekarten
- Helmut Breuer, Chef der früheren Peterswerft, Freund und Helfer der ersten Stunde.
- Niels Bach, der mir immer ein guter Freund und Ratgeber in vielen technischen Fragen ist.
- Astrid Sponer, die immer an uns geglaubt hat.
- Last but not least Birgit Radebold, die auch dieses Buch wieder lektoriert hat.

Bildnachweis

Arved Fuchs: S. 23, 24, 26, 36, 45, 48 links, rechts, 49 oben, 58 oben, unten, 61 oben, 62/63, 64, 75, 81, 85, 101, 104, 110, 111, 112 unten, 114, 115, 126, 128, 129, 131, 133, 140 oben links, oben rechts, 141 oben, unten.
Torsten Heller: Einband vorn und hinten links, S. 6/7, 10/11, 18/19, 28/29, 30, 32 oben, unten, 33 oben, unten, 34, 35, 37, 50/51, 60 oben, unten, 61 Mitte, unten, 65, 66, 67, 76/77, 82/83, 86/87, 90, 102/103, 106/107, 108/109, 112 oben, 113 oben, unten, 118, 120 oben, unten, 121 oben, unten, 122 oben, unten, 123 oben, unten, 124/125, 132, 134/135, 144.
Brigitte Ellerbrock: S. 27, 72, 88, 92, 94, 98, 116/117.
Till Gottbrath: S. 68/69, 140.
Harald Harpke: S. 73.
Hans-Hinrich Lembke: S. 20, 25.
Guido Pritzkow: S. 136.
Helmut Radebold: S. 137, 138.
Joachim Staugaard: S. 8, 70, 139.
John Wonnacott: S. 16.
Archiv Arved Fuchs: Einband hinten rechts, S. 12, 14, 15, 17, 38/39, 52, 54 oben, Mitte, unten, 55, 56, 57 oben, unten, 59.
Archiv Niels Bach: S. 40, 42, 43 links, rechts, 44, 46, 47, 49 unten, 78.
Archiv Uwe Adolph: S. 93.
Archiv Dieter Grote: S. 99, 100.
Archiv Lebensgemeinschaft Eiderdrift e. V.: S. 95, 96 oben, unten.
Archiv Dr. Volker Pesch: S. 74.
Archiv Rainer Ullrich: S. 41, 97 oben, unten.
Archiv Familie Weihe: S. 91.

Routen der Dagmar Aaen
1989 Testreise
1999 Schottland Reise
2001 St. Petersburg Reise
2002 Norwegen Testreise
2006 Grönland
2007 Spitzbergen
2008 Grossbritannien & Irlan
Eiskante 80° 30' N
Barentsee
Spitzbergen
Longyearbyen
Grönlandsee
GRÖNLAND
Bären-
insel
Scoresbysund
Norwegische
See
Tromsö
Angmassalik
Husavik
Reykjavik
Island
Thorshavn
Lerwich
Aalesund
Oslo
Risör
Stockholm
Helsinki
Sankt Petersburg
Tallinn
RUSSLAND
St. Kilda
Castlebay
Port Rush
Hanstholm
Liepāja
Klaipeda
Flensburg
Wewelsfleth
Cuxhaven
Galway
Dingle
Lowestoff
Isle of Wight
Brest
EUROPA
ATLANTISCHER
OZEAN
Porto
Fredrikstad
Skagen
Aalborg
Sylt